노벨상을 받은 위대한
물리학 실험들을 만나다

물리학자의 시선

노벨상을 받은 위대한
물리학 실험들을 만나다

물리학자의 시선

초판 3쇄 발행일 2021년 6월 28일
초판 1쇄 발행일 2020년 8월 25일

지은이 김기태
펴낸이 이원중

펴낸곳 지성사 **출판등록일** 1993년 12월 9일 **등록번호** 제10-916호
주소 (03458) 서울시 은평구 진흥로 68 2층(북측)
전화 (02) 335-5494 **팩스** (02) 335-5496
홈페이지 www.jisungsa.co.kr **이메일** jisungsa@hanmail.net

ⓒ 김기태, 2020

ISBN 978-89-7889-448-7 (43420)

이 도서의 국립중앙도서관 출판예정도서목록(CIP)은 서지정보유통지원시스템 홈페이지
(http://seoji.nl.go.kr)와 국가자료공동목록시스템(http://www.nl.go.kr/kolisnet)에서
이용하실 수 있습니다. (CIP제어번호: CIP2020033860)

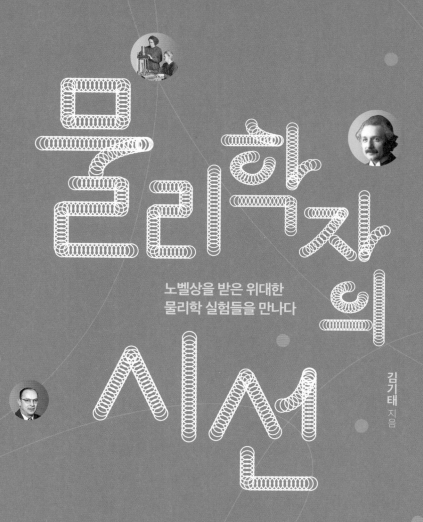

물리학자의 시선

노벨상을 받은 위대한
물리학 실험들을 만나다

김기태 지음

지성사

　필자의 학창 시절에는 청소년들이 읽을 수 있는 과학에 관한 책이 거의 없었습니다. 어렸을 때부터 여러 현상들에 큰 호기심을 가졌고 그 이유를 알고 싶어 하던 나의 염원의 하나는, 이러한 의문들을 풀어 줄 과학책을 가지는 것이었습니다.

　그러나 그때로부터 오랜 시간이 지난 지금도 어린 학생들이 읽고 이해할 만한 과학의 기본 원리를 알기 쉽게 설명한 책은 여전히 찾기가 쉽지 않아 보입니다. 이는 어쩌면 노벨 물리학상이나 화학상, 의학상 등의 수상자들을 계속해서 배출하고 있는 이웃 국가인 일본이나 중국과 달리, 아직 이 분야에서 단 한 명의 수상자도 내지 못하고 있는 우리의 현실과 맞닿아 있을지도 모릅니다. 그리고 이는 우리 민족의 창의력이 그들보다 못한 것이 아니라, 과학의 기본 원리의 중요성에 대한 인식과 이러한 원리를 찾으려는 집념의 부족 때문이 아닌가 생각됩니다.

　이러한 이유로 이 책에 노벨 물리학상을 받은 실험들을 중심으로 청소년들에게 중요한 물리학 실험의 원리, 실험을 하게 된 배경, 또 그 실험들이 이룩한 성과 등을 열성을 다해 소개한 것은 나의 세대가 받지 못하였던 노벨상(물리학상, 화학상과 의학상)을 다음 세대에는 꼭 받을 수 있는 계기를 마련해 주려는 뜻이 담겨 있습니다.

청소년들이 이 책을 읽고 노벨 물리학상을 받은 실험들도 충분히 이해하며, 이전 세대의 과학자들이 이루지 못한 훌륭한 실험들을 창안하고, 노벨상을 받고자 하는 의욕과 희망을 가질 수 있다면 머지않아 우리나라에도 노벨 물리학상, 화학상과 의학상을 받는 수많은 과학자들이 탄생할 것입니다.

이 책을 읽는 여러분, 꼭 좋은 아이디어를 내어 여러분 자신과 우리나라를 빛내 주세요.

김기태

...

1950년대 초, 당시 막 고등학교에 입학했던 나는 부산 동대신동 시장 안에 있던 조그마한 한 고물상에서 미군 부대에서 흘러나오는 책들 중 우연히 〈Popular Science〉라는, 미국에서 발간되는 과학 월간지를 발견하여 제대로 읽지도 못하는 그 책에 푹 빠지게 되었다.

그 후 역시 그 고물상에서 일본어로 된 『テレビノ作り方(텔레비전 만드는 법)』이라는 책을 사서, 독일의 파울 닙코가 발명한 닙코 원판에 의해 영상을 전기 신호로 변환하는 방법을 처음으로 알게 되어 얼마나 감동하였던지 지금도 그때의 기억이 생생히 떠오른다.

닙코의 이 원판은 영상을 전송하기 위해 영상을 분해해 전기 신호로 바꿀 수 있는 방법을 처음으로 제시한 것으로, 이후 전송 사진이나 텔레비전의 발전에 근원이 되었다. 이 책의 12장에 닙코 원판을 소개한 것은 영상을 전기 신호로 분해한 최초의 아이디어라는 점이 물론 크지만, 저자의 이러한 기억도 한 역할을 했을 것이다. 이 책을 통해 여러분도 이러한 감동의 경험을 할 수 있기를 바란다.

노벨 물리학상을 받은 주요 수상자들

이 책에는 엑스(X)선의 발견으로 1901년 첫 노벨 물리학상을 받은 빌헬름 뢴트겐을 비롯해 퀴리 부부, 알베르트 아인슈타인, 닐스 보어, 제임스 채드윅 등 물리학 분야에서 가장 중요한 발견이나 발명을 한 물리학자들과 그들이 창안한 과학 실험, 이론 등이 상세하면서도 알기 쉽게 설명되어 있습니다. 그들을 좇아 놀라운 물리의 세계로 들어가 볼까요?

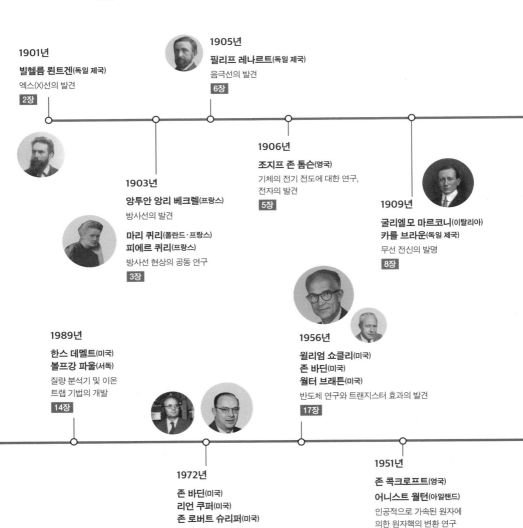

1901년
빌헬름 뢴트겐(독일 제국)
엑스(X)선의 발견
2장

1905년
필리프 레나르트(독일 제국)
음극선의 발견
6장

1903년
앙투안 앙리 베크렐(프랑스)
방사선의 발견
마리 퀴리(폴란드·프랑스)
피에르 퀴리(프랑스)
방사선 현상의 공동 연구
3장

1906년
조지프 존 톰슨(영국)
기체의 전기 전도에 대한 연구,
전자의 발견
5장

1909년
굴리엘모 마르코니(이탈리아)
카를 브라운(독일 제국)
무선 전신의 발명
8장

1989년
한스 데멜트(미국)
볼프강 파울(서독)
질량 분석기 및 이온
트랩 기법의 개발
14장

1956년
윌리엄 쇼클리(미국)
존 바딘(미국)
월터 브래튼(미국)
반도체 연구와 트랜지스터 효과의 발견
17장

1972년
존 바딘(미국)
리언 쿠퍼(미국)
존 로버트 슈리퍼(미국)
초전도 현상에 대한 공동 연구와
BCS 이론의 개발
18장

1951년
존 콕크로프트(영국)
어니스트 월턴(아일랜드)
인공적으로 가속된 원자에
의한 원자핵의 변환 연구
15장

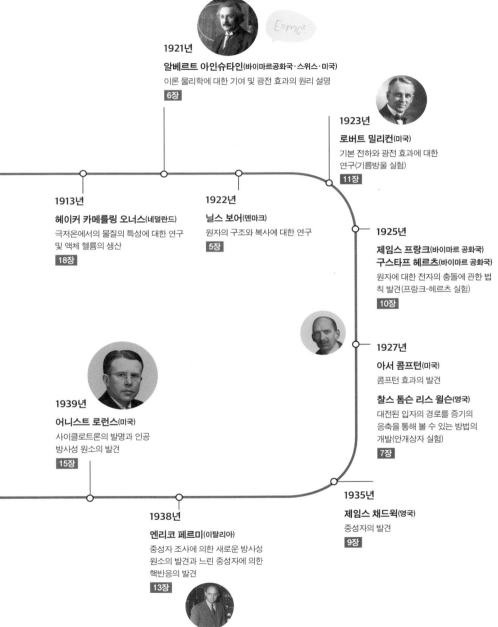

1921년
알베르트 아인슈타인(바이마르공화국·스위스·미국)
이론 물리학에 대한 기여 및 광전 효과의 원리 설명
6장

1923년
로버트 밀리컨(미국)
기본 전하와 광전 효과에 대한 연구(기름방울 실험)
11장

1913년
헤이커 카메를링 오너스(네덜란드)
극저온에서의 물질의 특성에 대한 연구 및 액체 헬륨의 생산
18장

1922년
닐스 보어(덴마크)
원자의 구조와 복사에 대한 연구
5장

1925년
제임스 프랑크(바이마르 공화국)
구스타프 헤르츠(바이마르 공화국)
원자에 대한 전자의 충돌에 관한 법칙 발견(프랑크-헤르츠 실험)
10장

1927년
아서 콤프턴(미국)
콤프턴 효과의 발견

찰스 톰슨 리스 윌슨(영국)
대전된 입자의 경로를 증기의 응축을 통해 볼 수 있는 방법의 개발(안개상자 실험)
7장

1939년
어니스트 로런스(미국)
사이클로트론의 발명과 인공 방사성 원소의 발견
15장

1938년
엔리코 페르미(이탈리아)
중성자 조사에 의한 새로운 방사성 원소의 발견과 느린 중성자에 의한 핵반응의 발견
13장

1935년
제임스 채드윅(영국)
중성자의 발견
9장

1장

빛의
속도 측정

————

올레 뢰머

소리보다 빠른 빛

옛날 사람들은 빛의 속도가 매우 빨라서 거의 무한에 가까운 속도로 전달된다고 생각했습니다. 또 높은 산에서 소리를 질렀을 때 메아리로 돌아오는 현상을 보고 소리가 전달되는 데 시간이 걸린다는 것을 알았습니다. 하지만 빛에서는 이러한 현상을 발견할 수 없었습니다.

과연 빛은 얼마나 빠른 걸까요? 현재 알려진 빛의 속도는 초속 약 30만 킬로미터(300,000km/s), 곧 1초에 30만킬로미터를 갈 수 있는 빠르기입니다. 소리의 속도는 공기 중에서 초속 약 340미터(340m/s)로 알려져 있습니다. 빛의 속도가 소리의 속도보다 약 90만 배쯤 빠른 셈입니다.

장마철에 천둥번개가 치는 것을 본 적이 있을 것입니다. 먼저 번개가 치면 잠시 후에 천둥소리가 들리지요. 사실 번개와 천둥은 동시에 일어납니다. 번개가 치는 것과 거의 동시에 빛은 우리 눈으로 들어오는 반면, 천둥은 번개가 친 곳과 우리가 있는 곳 사이의 거리만큼 달려와야 하기에 소리가 더 늦게 들리는 것입니다.

갈릴레이의 광속 측정

광속, 곧 빛의 속도를 측정하는 실험은
17세기부터 시작되었습니다. 1667년,
이탈리아의 과학자 갈릴레오 갈릴레이
(Galileo Galilei)는 어두운 밤, 조수로 하여
금 자기가 있는 곳에서 약 1.6킬로미터
만큼 떨어진 언덕에 등불을 들고 서 있게

갈릴레오 갈릴레이

했습니다. 갈릴레이가 등불의 가리개를 올려 불을 밝히면 그 불빛을 본
조수도 즉시 가리개를 올리도록 했습니다. 갈릴레이는 조수의 등불이 켜
지는 데 걸리는 시간을 이용해 빛의 속도를 측정한 것입니다. 그 당시만
하더라도 시간을 정밀하게 측정할 수 있는 시계가 없었기 때문에 그는 맥
박이나 물시계를 이용했다고 합니다. 하지만 빛이 너무 빨라서 눈으로는
제대로 관찰할 수 없었습니다. 결국 갈릴레오는 "빛은 소리보다 적어도
10배는 더 빠르다."라고 결론 내렸습니다.

갈릴레오는 직접 망원경을 만들어 목성을 관측하였고 1610년에 목성
의 위성을 발견했습니다. 이는 목성의 위성 중 규모가 큰 4개의 위성으
로 그리스 신화에 나오는 제우스의 연인들의 이름을 따 이오(Io), 유로파
(Europa), 가니메데(Ganymede), 칼리스토(Calisto)라고 지었습니다.

위성의 발견은 지구 중심의 천동설을 반박하는 근거가 되었습니다. 그
는 "태양이 지구 주위를 도는 것이 아니고 지구가 태양의 주위를 돈다."라
고 주장한 코페르니쿠스의 지동설을 지지한 탓에 교황청으로부터 갖은

박해를 받고 결국 종교 재판에 넘겨졌습니다. 갈릴레오가 교황청 사람들에게 망원경으로 목성의 위성이 목성 주위를 도는 것을 보라고 말했지만 그들은 들은 척도 하지 않았다고 합니다.

결국 그는 무기징역형을 선고 받았다가 후에 가택 연금형으로 감형되었습니다. 아마 갈릴레오가 "그래도 지구는 돈다."라고 말했다는 것을 들어본 적이 있을 것입니다. 정말 그 말을 했는지 확실하지는 않지만 과학자의 신념은 어떠한 권력으로도 바꿀 수 없음을 여실히 나타내는 사건임에는 틀림이 없습니다. 과학자에게는 오직 실험이 유일한 진리일 뿐입니다.

뢰머의 광속 측정

갈릴레오가 빛의 속도를 측정하던 때와 거의 비슷한 시기에 덴마크의 과학자 올레 뢰머(Ole Rømer)는 프랑스의 천문학자 카시니 밑에서 천체 관측을 하고 있었습니다. 그는 이오가 목성 주위를 한 바퀴 돌 때마다 한 번씩 가려지는 일식이 일어나는 시간이 목성과 지구 사이의 위치에 따라 서로 다른 것을 발견했습니다. 지구와 목성이 가까워지면 일식은 예정보다 일찍 일어났고, 멀어지면 반대로 늦게 일어난 것입니다.

뢰머는 이 시간차가 이오의 공전 주기(목성 주위를 한 바퀴 도는 데 걸리는 시간)와 지구와 목성 사이의 거리와는 관계가 없고, 빛이 목성과 지구 사이의 거리가 멀어진 만큼 지구로 오는 데 시간이 더 걸리기 때문이라고 생각했습니다.

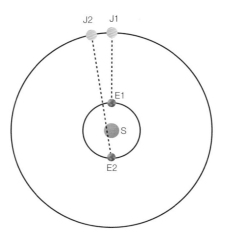

지구와 목성의 공전 궤도(J: 목성, E: 지구, S: 태양)

뢰머는 지구와 목성이 가장 가까이 있을 때(J1과 E1) 일식은 11분가량 빨리 일어나고, 약 반 년 후 가장 멀리 있을 때(J2와 E2)에는 11분가량 늦어져 약 22분의 시간차가 발생하는 것을 알아냈습니다. 위 그림을 보면 지구에서 목성까지의 거리의 차(J1-E1과 J2-E2 거리의 차)는 태양을 공전하는 지구의 공전 직경과 같다는 것을 알 수 있습니다. 그는 당시 알려져 있던 지구의 공전 반경을 이용해 빛이 지나는 데 걸리는 시간을 계산했습니다. 그 결과, 뢰머는 빛의 속도가 초당 약 20만 킬로미터(200,000km/s)일 것이라고 생각했습니다.

이러한 계산을 뢰머만 한 것은 아닙니다. 동시대 사람인 네덜란드의 과학자 크리스티안 하위헌스(Christiaan Huygens)도 빛의 속도를 계산했습니다. 그가 계산한 빛의 속도는 초속 약 200,900킬로미터로 현재 알려진 속도(300,000km/s)에 비하면 훨씬 느립니다. 이러한 오차가 생기는 이유는 뢰머가 측정한 시간차(22분)가 실제 이오의 공전 주기에 따른 일식 현상의 시간차(16.7분)보다 더 길고, 그가 계산에 사용한 지구 공전 반경 역시 정확하지 않았기 때문입니다.

뢰머의 방법으로 빛의 속도 계산하기

그렇다면 현재 우리가 알고 있는 지구의 공전 반경(태양과 지구 사이의 거리, 1억 5000만 킬로미터)과 뢰머의 방법을 이용해 실제로 빛의 속도를 계산해 볼까요?

뢰머는 지구의 공전 직경을 통과하는 데 걸리는 시간이 약 22분이라고 했습니다. 속도는 이동 거리(km)를 걸린 시간(sec)으로 나누면 됩니다.

① 초 단위의 속도를 구하기 위해 22분을 초(sec)로 바꿉니다.

$22 \times 60 = 1,320$초

② 공전 반경은 1억 5000만 킬로미터이고 우리가 필요한 것은 직경이므로

$(150,000,000 \times 2) = 300,000,000$킬로미터

③ 속도는 거리/시간이므로

$(150,000,000 \times 2)$킬로미터 $\div 1,320$초 = 초속 227,272킬로미터

앞서 나온 하위헌스의 결과보다 조금 빠르지요? 이 차이는 하위헌스가 계산할 당시의 관측값들이 정확하지 않았기 때문일 것입니다. 22분 대신 정확한 값인 16.7분을 넣어 다시 계산을 하면

$$(150,000,000 \times 2) \div (16.7 \times 60) = \text{초속 } 299,401 \text{킬로미터}$$

라는 값을 얻을 수 있습니다.

이 값은 현재 알려진 빛의 속도 초속 299,792킬로미터(299,792km/s)와 1퍼센트의 차이도 나지 않습니다. 얼마나 놀라운 결과인가요!

불변의 광속

지구상 특정 지점의 위도와 경도를 정확하게 알려주는 위성항법장치 GPS(Global Positioning System)는 지구 궤도를 도는 몇 개의 위성에서 발사한 전자파를 이용합니다. 이 전자파가 특정 지점에 도착할 때 위상 차이를 이용해 위치를 계산하지요. 따라서 전자파의 속도를 정확하게 알고 있어야 합니다. 특히 군사용 GPS는 매우 정밀해 실제 위치와 관측한 위치 차이가 겨우 50센티미터 정도밖에 나지 않는다고 합니다. 전자파의 속도를 얼마나 정확하게 알고 있는지 알 수 있는 대목이지요.

공중에 있는 비행기의 위치나 해상에서 배의 위치 등을 알리는 레이더, 교통경찰이 사용하는 과속 감지 장비도 광속으로 달리는 전자파를 이용한 것입니다. 특히 과속 감지 장비의 경우 달리는 자동차로부터 반사되어 나오는 반사파를 수신하여 속도를 측정하는데, 이때 도플러 효과(파원과 관측자 중 하나 이상이 운동할 때, 관찰자가 파원의 진동수와는 다른 진동수를 관찰하게 되는 효과)를 이용해 반사값을 계산합니다.

아인슈타인은 광속보다 더 빠른 속도는 없으며 광속은 어떤 운동을 하는 계(system)에 있든지 간에 일정하다고 했습니다. 만일 광속의 $2/3$ 속도로 여러분을 찾아오는 외계인이 있다고 생각해 봅시다. 여러분이 같은 속도(광속의 $2/3$)로 마중을 나가면 여러분과 외계인의 상대속도는 $2/3 + 2/3 = 4/3$가 되어 광속의 약 1.33배가 될 거라 예상하겠지만, 실제로 광속보다 큰 값을 가질 수는 없습니다.

광속 측정의 역사적 의미

우리는 뢰머의 광속 측정 과정을 통해 연구에 대한 그의 끈기와 노력이 얼마나 대단한지 알 수 있습니다. 다른 장비를 사용하지 않고 오직 망원경만으로 빛의 속도를 계산하는 방법을 찾아냈고, 빛의 속도가 무한한 것이 아니라 유한한 것임을 처음으로 알려 주었습니다. 또 빛의 속도를 현재의 값에 가깝게 계산하기도 했지요. 후대의 많은 과학자들은 여러 가지 장치로 빛의 속도를 측정했고 이제 그 속도를 미터 단위까지(초속 299,792,458미터) 정확하게 구할 수 있습니다.

뢰머의 이러한 발견은 아인슈타인이 상대성이론을 창안하는 데에도 영향을 주었습니다. 아인슈타인은 빛은 어떤 운동계에 대해서도 같은 속도를 가진다고 했으며, 후에 광속은 물리 상수(시간에 따라 값이 변하지 않는 물리량)로 정해졌습니다. 또 아인슈타인은 물질과 에너지는 서로 별개의 것이 아니라고 주장하며 널리 알려진 공식인 질량-에너지 등가원리

$$E = mc^2$$

을 발표했습니다. 여기서 E는 에너지, m은 질량, c는 광속입니다. 핵폭탄이 폭발할 때 발생하는 에너지량을 계산할 때도 이 공식을 이용합니다. 이 공식에 따르면 물질 1그램이 에너지로 바뀔 때 발생하는 에너지는 TNT 폭약 21,000톤이 폭발하는 것에 맞먹는다고 합니다.

코란에
빛의 속도 계산법이 있다?

약 1,400년 전에 기록된 이슬람 경전 코란에는 "천사들이 하루에 날아다니는 거리가 달이 1,000년 동안 지구를 도는 거리와 같다."라고 나와 있다고 합니다(http://speed-of-light.com). 또 천사들은 빛으로 만들어졌으며 아주 느린 속도, 또는 빛처럼 빠른 속도로 움직일 수 있다고 합니다. 이를 이용해 빛의 속도를 계산할 수 있습니다.

먼저 달은 한 달에 한 번 지구 주위를 돌기 때문에 1,000년 동안 12,000번을 돌게 됩니다. 현재 알려진 지구와 달 사이의 평균 거리 384,000킬로미터를 달이 지구 주위를 도는 원의 반지름으로 하면 다음과 같은 값이 나옵니다.

① 달이 지구 한 바퀴를 도는 거리: 2 × 384,000 × 3.14 = 2,411,520킬로미터

② 달이 12,000번 도는 거리: 12,000 × (2 × 384,000 × 3.14) = 28,938,240,000킬로미터

③ 천사들이 하루에 날아가는 시간: 24 × 3600초 = 86,400초

④ 속도는 거리 / 시간: 28,938,240,000킬로미터 ÷ 86,400초 = 초속 334,933킬로미터

이것이 무려 1,400년 전의 광속에 대한 추정값입니다. 이 값은 현재와 비교해도 약 10퍼센트의 오차밖에 나지 않습니다. 불과 뢰머 이전까지만 하더라도 빛은 무한하다고 생각했고, 뢰머 때에 와서야 겨우 초속 20만 킬로미터로 추정한 것에 비하면 엄청난 결과입니다. 진짜로 코란을 읽지는 못했기에 이 내용이 사실인지는 모르지만 신기하고 재미있는 기록임은 틀림없습니다.

올레 뢰머

올레 뢰머는 1644년 9월 25일, 덴마크의 오르후스에서 태어났습니다. 그는 1662년에 코펜하겐의 라스무스 바르톨린의 제자가 되었고, 1671년에는 장 피카르가 우라니보르그(티코 브라헤가 만든 천문대)가 있던 벤섬의 지리적 위치(경도)를 계산하는 것을 돕기도 했습니다. 이듬해 피카르가 파리를 방문했을 때 뢰머는 그를 따라가 9년 동안 파리에 머물렀습니다. 이후 코펜하겐으로 돌아가기 전까지 루이 14세의 명을 받고 왕자를 가르치기도 했으며 베르사유 궁전의 송수관과 새 왕립 천문대의 건설도 도왔다고 합니다.

뢰머는 1676년 11월 22일, 프랑스 과학 아카데미에서 목성의 위성 관측에 의한 광속 측정 논문을 발표했으며(이것이 앞에 나온 뢰머의 광속 측정 논문 내용임), 1679년에는 영국을 방문해 뉴턴과 핼리, 외르스테드와 같은 과학자들과 교류하기도 했습니다.

1681년에는 덴마크 왕 크리스티안 5세의 부름을 받고 귀국하여 코펜하겐 대학교의 천문학 교수로 부임하는 동시에 왕실 수학자가 되었습니다. 같은 해 그의 지도 교수였던 바르톨린의 딸 마리 바르톨린과 결혼하였고, 계속해서 천문대와 자신의 집을 오가며 천체 관측을 이어 갔습니다. 하지만 그의 논문과 실험 기록, 자료들은 1728년에 발생한 코펜하겐 대화재로 모두 사라지고 말았습니다. 이외에도 뢰머는 물의 어는점을 7.5도로 하고 물의 끓는점을 60도로 정의한 뢰머온도 체계를 개발하기도 했습니다. 뢰머온도에서 영감을 얻은 가브리엘 파렌하이트는 화씨온도(°F) 체계를 개발하게 됩니다. 뢰머는 1710년, 코펜하겐에서 65세의 나이로 일생을 마쳤습니다. 후대 사람들은 뢰머를 기리기 위해 달의 크레이터 중 하나의 이름을 뢰머 분화구라고 지었으며, 오르후스 대학교의 천문대는 그의 이름을 따 올레 뢰머 관측소로 명명되었습니다.

2장

엑스(X)선의
발견

빌헬름 뢴트겐

우연히 발견한, 알 수 없는 빛 X선

과학사를 통틀어 보면 많은 발견이나 발명이 젊은 과학자들에 의해 이루어진 것을 알 수 있습니다. 알다시피 X선은 1895년에 빌헬름 뢴트겐(Wilhelm Röntgen)이 발견했습니다. 이때 뢴트겐의 나이는 50세였지요. 사실 뢴트겐이 눈에 보이지 않는 광선을 발견한 것은 우연이었습니다. 과학계에서는 (물론 다른 분야에서도) 이렇게 우연으로부터 중대한 발견이나 발명이 이루어지는 것을 세렌디피티(Serendipity)라고 합니다.

뢴트겐은 자신의 모든 연구 노트를 읽지 말고 불태워 달라는 유언을 남겼습니다. 이 때문에 정확한 발견 경위는 알려지지 않았지만 생전에 전해진 여러 이야기를 통해 어떻게 X선을 발견했는지 알 수 있습니다.

뢴트겐은 자신의 발견에 대해 다음과 같이 적었습니다.

"만약 히토르프관(Hittorf tube)이나 충분히 공기를 제거해 진공 상태가 된 레나르트관(Lenard tube) 또는 크룩스관(Crookes tube)을 검은 종이로 완전히 감싸고 아주 어두운 방에서 룸코르프 코일(Ruhmkorff coil)을 방전시키면 옆에 둔 백금사이아나이드바륨(백금시안화바륨)을 바른 종이가 밝게 빛나는 것을 볼 수 있다. 방전할 때마다 형광을 발하는데 형광 물질을 바른 쪽이 관 쪽을 향하든, 반대쪽을 향하든 마찬가지다. 그 형광은 관으로부터 2미터 떨어진 곳에서도 관찰할 수 있다."

이렇게 X선은 우연히 발견되었습니다. 뢴트겐이 음극선관으로 실험하고 있을 때, 근처에 있던 형광 물질을 바른 종이가 빛나는 것을 발견한 것이지요. 그는 이 새로운 빛의 성질을 연구하여 1895년 12월에 이에 대해 공표했습니다. 뢴트겐은 당시 수학에서 미지수를 X라고 부르는 관행을 따라 이름 모를 광선에 X선이라는 이름을 붙였습니다. 후대 사람들은 X선을 뢴트겐의 이름을 따 뢴트겐선이라고도 불렀습니다.

미국 하버드 대학교의 철학 교수이던 뮌스터버그 박사는 뢴트겐의 발견을 그저 우연히 일어난, 운이 좋았던 발견이라고 치부해서는 안 된다고 하며 다음과 같이 썼습니다.

"물론 '우연'이 도움을 준 것은 사실이다. 그러나 갈바니(개구리 다리를 수축하게 한 것으로 유명한)가 우연히 개구리 다리가 철문에 걸렸을 때 수축한다는 것을 보기 이전에도 그런 현상(갈바니 현상)들은 흔히 있었다. 이 세상은 그러한 기회로 가득 차 있다. 하지만 갈바니나 뢴트겐은 흔하지 않다."

비록 우연이라고는 하지만 장년의 나이에도 실험 물리학자로서 끊임없이 주위에서 일어나는 물리 현상들을 신중하게 관찰하고 실험했기 때문에 X선을 발견할 수 있었던 것입니다.

X선의 발견 과정

물론 뢴트겐은 다른 과학자들이 수행한 음극선 실험들에 대해 이미 잘 알고 있었습니다. 독일 뮌스터 대학교의 물리학·화학 교수이던 요한 히토르프의 방전관과 실험 결과, 윌리엄 크룩스가 자신의 이름을 딴 크룩스관으로 진행한 여러 실험들, 필리프 레나르트의 실험에 대해서도 말이지요.

필리프 레나르트는 1892년, 진공관의 한쪽 끝에 얇은 알루미늄으로 된 창(레나르트의 창문)을 만들어 여기에 음극선을 쏜 다음, 관 밖으로 나온 광선을 연구한 사람입니다. 뢴트겐은 X선을 발견했을 때 사용한 관이 앞서 언급한 세 가지 관 중 어느 것인지에 대해서는 말하지 않았습니다. 그저 세 종류의 관을 모두 언급하고 있을 뿐이지요.

1895년 11월 8일, 뢴트겐은 평소처럼 혼자 연구실에서 실험을 하고 있었습니다. 그는 음극선에 대한 연구를 하고 있었는데, 그날따라 늘 사용하던 음극관 대신 다른 음극관을 사용했다고 합니다. 보통 이런 관들은 방전이 일어나면 유리벽에 형광 현상이 나타나므로 두껍고 검은 종이로 완전히 덮고 실험을 합니다. 뢴트겐도 방전관을 검은 종이로 완전히 감싼 다음 불을 끄고 방전관에 전원을 연결했지요. 그런데 관에서 약 1미터쯤 떨어

뢴트겐의 연구실

뢴트겐 부인의 손 사진

진 곳에 있던 판이 반짝거리는 것이었습니다. 그 판에는 백금사이아나이드바륨(백금시안화바륨)이라는 형광 물질이 발라져 있었습니다. 이를 이상하게 여긴 뢴트겐은 몇 번이고 실험을 되풀이한 다음, 이 현상이 음극선이나 그때까지 알려진 빛 때문이 아니라는 것을 깨달았습니다. 왜냐하면 음극선은 공기 중에서 1미터나 되는 거리를 나아가지 못하고, 또 보통의 빛은 두껍고 검은 종이를 뚫고 나가지 못하기 때문이지요.

발견 이후 몇 주 동안 뢴트겐은 거의 밖에 나가지 않고 식사도 실험실에서 먹었다고 합니다. 심지어 침대마저 실험실로 가져와 잘 정도였다고 하지요. 그는 밤낮없이 새로운 광선에 대한 연구에 매진하였습니다. 이미 실험 물리학자로 널리 알려졌고 경험도 많았던 뢴트겐이지만, 치밀하게 연구 계획을 세워 미지의 광선이 가진 특성을 규명했습니다. 그는 실험 결과를 기록으로 남기기 위해 사진을 찍었습니다. 특히 1895년 12월 22일에는 반지를 끼고 있는 그의 아내의 손을 찍었는데 이를 위해 그녀는 약 15분간 방사선을 쬐어야 했다고 합니다.

뢴트겐은 새롭게 발견한 광선이 빛과 같은 성질을 가지고 있음을 알았고, 또 사진 건판(필름)을 감광시키는 것도 알았습니다. 또 반지를 낀 아내의 손 사진을 보고 이 광선이 밀도가 높은 물질에 대해서는 투과력이 떨어지는 것도 알아냈습니다. 그가 이 사진을 찍은 날은 방사선 의학이 최초로 탄생한 날이 되었으며, 발표 후에는 의학계에 커다란 반향을 불러일으켰습니다. 아래 사진은 다양한 형태의 크룩스관(크룩스 방전관)입니다.

1895년, 뢴트겐의 발표가 있고 나서 많은 신문들과 잡지에서는 X선을 이용해 지나가는 여성들의 알몸을 볼 것이라며 염려를 표했습니다. 심지어 이를 풍자한 만화도 나왔다고 합니다. 또 오랫동안 방전관 연구를 하고 여러 가지 방전관을 직접 고안했던 필리프 레나르트는 뢴트겐의 발표를 듣고 자신이야말로 "X선의 어머니"이며 뢴트겐은 그저 산모에 불과하

1. 패들휠형 방전관
2. 라디오미터
3. 룸코르프 코일과 방전관
4. 말티제 십자가 방전관
5. X선 발생용 방전관

다고 했습니다.

1901년에 레나르트와 뢴트겐 모두 노벨상 후보에 올랐지만 최초의 노벨 물리학상은 뢴트겐이 받았습니다. 그 전에 수여된 영국 왕립학회의 럼퍼드 메달은 공동 수여 되었으나 둘 다 런던으로 상을 받으러 가지 않아 만날 기회가 없었지요. 이후로도 두 사람은 만나지 않았습니다. 후에 레나르트도 음극선에 대한 연구를 인정받아 1905년에 노벨 물리학상을 수상하기는 했지만, X선 발견과 같은 획기적인 업적을 놓친 것을 무척 아쉽게 여겼다고 합니다.

과학자로서의 사명감을 중시한 뢴트겐

당시에는 텔레비전이나 라디오, 인터넷과 같은 통신망이 지금처럼 발달하지 않았습니다. 그럼에도 뢴트겐의 X선 발견 소식은 전 세계로 아주 빠르게 퍼져 나갔다고 합니다. 약 7주간 열심히 연구한 뢴트겐은 「새로운 종류의 광선에 대하여」라는 논문을 〈뷔르츠부르크 물리의학회지〉의 비서에게 주었습니다. 그러면서 학회가 크리스마스와 겹쳐 열리지 않으니 강연이 예정되어 있던 1896년 1월 23일 이전에만 실어 달라고 부탁했습니다.

그런데 그의 논문은 예정보다 빨리 1895년 12월 28일자 학회지에 실렸고 뢴트겐은 논문이 실린 학회지를 얻어 사진과 함께 친구들에게 신년 인사로 보냈습니다. 그의 친구인 프란츠 엑스너 교수는 논문의 내용을 다른 사람들에게 소개했는데, 그중 한 사람이 논문을 빌려가 빈(Wien) 최대의 신문사인 〈디 프레스(Die Presse)〉에 실었습니다. 얼마나 서둘렀던지 뢴트겐의 이름을 Röntgen이 아닌 Routgen으로 잘못 표기한 채 그대로 내보냈다고 합니다. 이 신문이 1896년 1월 5일, 일요일자로 발행되자마자 X선 발견 소식은 그 즉시 영국 런던과 미국 뉴욕 등 다른 나라에도 알려졌습니다. 1월 7일에 발행된 런던과 뉴욕의 신문에도 여전히 뢴트겐의 이름은 Routgen이었지요. 정작 뢴트겐이 있던 뷔르츠부르크 신문에는 1월 9일, 처음으로 기사화되었습니다. 뢴트겐이 논문을 제출한 지 열흘도 채 되지 않아 X선의 존재가 전 세계에 알려진 셈입니다.

1896년 1월 13일, 뢴트겐은 베를린에서 국왕 빌헬름 2세에게 X선 발견에 대해 직접 보고했으며 예정대로 1월 23일 학회에서 강연을 했습니다. 이후 여러 학회에서 상장이나 훈장, 명예회원 추대 등을 제의했지만 전부 거절하고 노벨상만 수상하기로 했습니다. 그는 말이 어눌하다는 핑계로 노벨상 수상 연설도 하지 않았습니다.

또 그의 업적을 높이 평가한 바바리아(현 바이에른) 국왕이 왕실 훈장과 함께 귀족 작위를 내렸는데 훈장만 받고 작위는 거절했습니다. 이는 오래전 영국 과학자 마이클 패러데이가 영국 여왕이 내린 귀족 작위를 거절한 일을 제외하고는 유럽에선 극히 드문 일이라고 합니다.

한편으로 많은 회사들이 X선으로 많은 돈을 벌 수 있다며 그에게 접근했지만 뢴트겐은 모든 제안을 거절했습니다. 실례로 독일의 한 유명 회사가 그의 발명에 대한 특허와 계약 등을 권고했지만 다음과 같이 거절했다고 합니다.

"나는 독일 대학 교수들의 훌륭한 전통에 따라 자신의 발견이나 발명은 전 인류에게 속하는 것이므로 어떤 특허나 허가, 계약에 따라 한 곳에 속해 관리되어서는 안 된다고 믿는다."

X선의 발견으로 일약 스타로 떠오른 뢴트겐. 그가 과학자로서의 사명감을 중시한 덕분에 우리는 의료용 장비나 보안 검색 장비 등 다양한 곳에서 X선을 자유롭게 사용할 수 있게 되었습니다.

X선관은 어떻게 작동할까?

X선관은 X선을 발생시키는 진공관입니다. 아래 그림처럼 가열된 음극에서 나오는 전자를 높은 전압으로 가속하여 마주보는 양극(대음극)에 충돌시키면 X선이 방출됩니다. 이때 전압은 보통 수천에서 수만 볼트에 해당합니다. 음극에서 출발한 전자의 에너지 일부가 열로 변하기 때문에

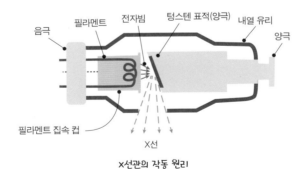

X선관의 작동 원리

과거의 X선관   현대의 X선관

양극의 온도는 매우 높아집니다. 이렇게 높은 온도에서도 녹지 않고 잘
견딜 수 있도록 양극엔 금속 중 녹는점이 가장 높은 텅스텐을 사용합니
다. 물론 철이나 다른 금속을 사용해도 X선이 발생하지만, 높은 온도를
견디지 못하고 녹아 버릴 위험이 있으므로 텅스텐, 구리, 몰리브덴과 같
은 금속을 사용하지요.

뢴트겐보다 먼저
X선을 발견한 사람이 있다?

뢴트겐이 X선을 발견하기 전에도 여러 사람들이 방사선 때문에 일어나는 현상들을 목격했습니다.

오른쪽 사진은 미국 펜실베이니아 대학교의 아서 굿스피드라는 과학자가 1880년 2월 22일, 뢴트겐이 X선을 발견하기 5년 전에 크룩스관으로 실험을 하다 찍은 것입니다. 그는 왜 이런 사진이 찍혔는지 원인을 알 수 없었기 때문에 실수로 찍힌 사진이라 생각하고 더이상 신경을 쓰지 않았습니다. 뢴트겐이 새로

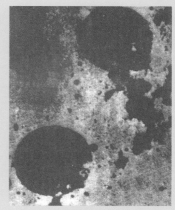

뢴트겐의 X선 발견 5년 전에 찍은
미국 과학자의 X선 사진

운 광선을 발표한 후에야 그의 사진도 X선에 의한 것임을 알았다고 합니다. 만약 그가 뢴트겐처럼 새로운 현상을 면밀히 관찰했다면 X선 발견의 영예는 그에게 돌아갔을 것이며, 첫 노벨 물리학상도 그가 수상했을지도 모릅니다.

영국의 윌리엄 크룩스도 사진 건판을 공급하던 일포드라는 사람에게 뜯지도 않은 새 건판(필름)이 현상을 하면 자꾸 안개가 낀 것처럼 흐려진다고 불평했다고 합니다. 물론 일포드는 새로운 건판으로 바꿔 주었는데, 다른 사람들은 그런 불만이 없었기에 크룩스의 실험실에 문제가 있을 것이라고 생각했다고 합니다. 사실 사진 건판이 흐려진 것은 음극선 주변에서 발생한 X선 때문이었습니다.

이렇게 여러 사람들이 X선에 의해 사진 건판이 감광되는 것을 보았지만 다들 실수로 생각하고 더 이상 깊이 연구하지 않아 X선을 발견하지 못한 것입니다. 특히 크룩스는 방전관으로 음극선에 대한 많은 연구를 진행하고 여러 사실을 발견했음에도 불구하고 X선을 발견하는 행운만은 가지지 못했습니다.

빌헬름 뢴트겐

　빌헬름 뢴트겐은 1845년 3월 27일, 독일에서 태어났습니다. 뢴트겐의 아버지는 유명한 옷감 제조회사를 운영했고, 어머니는 네덜란드 출신이었습니다. 1848년에 독일 혁명이 발발하자 뢴트겐 가족은 어머니의 고향인 네덜란드의 아펠도른으로 이주했고, 그곳에서 학창 시절을 보냈습니다.

　뢴트겐은 위트레흐트에 있는 김나지움에 입학하지만 얼마 안 되어 퇴학을 당하고 맙니다. 이상한 그림을 그려 선생님을 조롱한 친구가 누구인지 끝까지 밝히지 않았기 때문입니다. 뢴트겐은 아버지 친구의 권유로 집에서 대학 입시를 준비하였지만 면접관 중 한 사람이 그를 퇴학시켰던 선생님이었고 결국 그는 대학에 입학하지 못합니다.

　뢴트겐은 위트레흐트 기술학교(1862년)와 위트레흐트 대학 철학과(1865년)를 거쳐 스위스의 취리히 공과대학(Polytechnic of Zürich, 현 스위스취리히연방공과대학, Eidgenossische Technische Hochschule)에 들어갔습니다.

　뢴트겐은 기계 공학을 전공하고 1868년에 졸업했습니다. 1869년에 「가스에 대한 연구」라는 논문으로 박사 학위를 취득한 후, 아우구스트 쿤트의 조수가 되었는데 이때 뢴트겐의 나이는 24세였습니다. 2년 후 쿤트 교수가 뷔르츠부르크 대학교로 옮길 때 그를 따라갔지만 교수로 임명되지 못했습니다. 당시 대학이 있던 지역(바바리아, 현 바이에른)의 법에 교수 임용을 위해서는 하급 학교의 졸업장과 고전 어학에 대한 교육이 필수라고 명시되어 있었기 때문이었습니다.

　하지만 1872년, 쿤트 교수가 다시 슈트라스부르크 대학교로 돌아갈 때 뢴트겐도 함께 돌아가 그 대학의 강사 자리를 얻었고, 30세가 되던 1875년에는 호엔하임 농과대학의 수학·물리학 교수로 임명되었습니다. 그러나 실험 설비가 미비한 탓에 연구를 지속할 수 없었

뢴트겐의 생가   뢴트겐의 학창 시절 모습

습니다. 뢴트겐은 쿤트 교수의 주선으로 슈트라스부르크 대학교의 부교수가 되었으며, 3년 후에는 기센 대학교 물리학과 교수로 부임했습니다. 물리학과는 신설된 학과였으므로 그는 마음껏 실험을 하며 상당한 명성을 얻을 수 있었습니다.

그는 입학에 실패했던 위트레흐트 대학교의 교수 자리는 거절했지만 뷔르츠부르크 대학교의 제안까지는 거절하지 못했습니다. 그곳에서 물리 연구소(Physics Institute)의 소장을 지냈으며 1894년에는 총장으로 선출되었습니다. 그리고 이듬해인 1895년 11월 8일, 이 물리 연구소에서 그때까지 알려지지 않았던, 눈에 보이지 않는 X선을 발견하였고 그 업적으로 최초의 노벨 물리학상을 수상했습니다.

1900년에는 뮌헨 대학교 교수 겸 물리 연구소 소장이 되었으며, 은퇴한 지 3년 후인 1923년 2월 10일, 78세의 나이로 세상을 떠났습니다. 현재 그의 무덤은 기센에 있는 아내와 부모님 무덤 옆에 있습니다.

3장

방사선과
방사능

앙리 베크렐

퀴리 부부

방사선의 발견 과정

X선의 발견은 20세기 물리학이 새롭게 도약하는 계기가 되었습니다. 프랑스의 과학자 앙투안 앙리 베크렐(Antoine-Henri Becquerel)은 비슷한 실험을 통해 X선과는 조금 다른, 우라늄에서 나오는 방사선을 발견했습니다. 또 그의 조교였던 마리 퀴리(Marie Curie)는 다양한 연구를 진행해 방사선과 방사능의 특성을 밝혔습니다.

베크렐은 음극선이 유리벽에 부딪힐 때 X선이 발생한 것으로 생각하고 눈에 보이지 않는 X선과 인광 물질에서 나오는 눈에 보이는 광선이 어떤 관계가 있는지 조사했습니다. 그는 인광 물질도 태양광으로 자극하면 X선을 발생시킬지도 모른다고 가정하고 검은 종이로 싼 사진 건판(필름) 위에 인광 물질을 놓고 햇빛에 쬐었습니다. 그런 다음 인광 물질을 올려놓았던 사진 건판을 현상한 그는 어떤 광선이 검은 종이를 뚫고 사진 건판을 감광시킨 것을 알았습니다. 그는 1896년 2월 24일, 과학 아카데미에서 실험 결과를 발표했습니다.

또한 그는 어떤 우라늄염(우라늄 화합물)이 독특한 작용을 한다는 것을 알아냈습니다. 햇빛이 들지 않는 어두운 곳에 놓아둔 사진 건판 위에 종이에 싼 우라늄염을 올려 두었는데 마치 햇빛에 노출되었을 때처럼 감광된 것이지요. 그는 그때까지 알지 못했던, 수명이 긴 인광 물질에 의해 일어난 일이라 생각했습니다. 실험을 반복한 결과 베크렐은 그 현상이 우라늄에서 비롯된 것임을 알아냈습니다.

1896년에만 무려 7개의 방사능(이 이름은 마리 퀴리가 붙인 것임)에 관한 논문을 발표했지만 과학계에서는 별다른 반응이 없었습니다. 왜냐하면 그 당시 알려진 광선만 하더라도 음극선, X선, 방전선, 베크렐선, 가시광선, 반딧불, 라디오 전파 등이 있었기 때문입니다. 게다가 X선은 잠깐의 노출로도 놀라운 사진을 얻을 수 있어 대부분의 과학자들이 X선에만 관심을 가졌습니다.

1898년에 토륨, 폴로늄과 라듐(이 두 원소는 마리 퀴리가 발견함)에서도 같은 방사선이 방출된다는 마리 퀴리의 연구 결과가 발표된 후에야 베크렐의 연구가 재조명되었습니다.

베크렐은 방사선 중 하나인 베타선(β선)이 영국의 과학자 조지프 존 톰슨이 발견한 전자라는 것을 밝히기도 했습니다. 또 그는 라듐을 조끼 주머니에 넣고 다니다가 화상을 입었는데, 이를 1901년 의학지에 발표하여 방사능을 의료용으로 사용할 수 있는 계기를 마련하기도 했습니다. 이러한 업적을 인정받아 베크렐은 1903년에 퀴리 부부와 함께 노벨 물리학상을 수상했습니다.

방사선의 종류

방사능 물질에서 나오는 방사선에는 세 가지가 있습니다. 아래 그림에서 볼 수 있듯이 알파선(α선), 베타선(β선), 감마선(γ선)입니다.

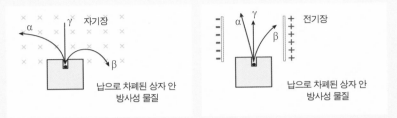

알파선과 베타선은 추가 연구를 통해 각각 헬륨핵과 전자, 감마선은 X선보다 파장이 더 짧은 광선임이 밝혀졌습니다. 또 알파선과 베타선은 자기장과 전기장 하에서 휘어지지만 감마선은 휘어지지 않는다는 것도 알려졌지요.

하나의 방사성 동위 원소에서는 단 하나의 방사선만이 나옵니다. 다시 말하면 라듐-226은 붕괴할 때 알파선이 나오고, 베타선이나 감마선은 나오지 않습니다. 또 라듐-228은 베타 붕괴를 하는데, 이때 알파선이나 감마선은 나오지 않고 오직 베타선만이 나옵니다. 베타 붕괴의 가장 좋은 예로 탄소의 동위 원소인 탄소-14의 붕괴 과정을 들 수 있습니다. 다음과 같이 탄소-14는 베타 붕괴를 하여 질소-14가 됩니다.

$$^{14}_{6}C \rightarrow ^{14}_{7}N + e^- + \bar{v}_e$$

위의 식에서 14는 각 원소의 원자량을, 그 아래에 있는 6과 7은 원소의 원자 번호를 나타냅니다. 이때 원자 번호는 양성자의 수지요. 제일 끝의 기호는 중성미자(뉴트리노, v)가 같이 방출되는 것을 의미합니다.

원자 번호가 다르면 서로 다른 원소입니다. 원자 번호는 같지만 원자량이 다른 원소를 동위 원소라고 하지요. 위의 식에서 탄소와 질소의 원자량은 14로 동일하지만 원자 번호가 각각 6, 7이므로 동위 원소는 아닙니다.

퀴리 부부의 방사능 연구

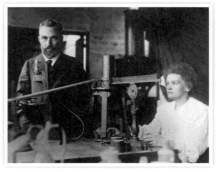

연구실에서 마리 퀴리와 피에르 퀴리

방사선을 처음 발견한 사람은 앙리 베크렐이었지만 자연계 원소 중 방사선을 방출하는 물질이 여럿 존재한다는 것을 밝히며 이 성질에 방사능이라는 이름을 붙인 사람은 퀴리 부부, 바로 마리 퀴리와 피에르 퀴리입니다. 마리 퀴리는 소르본 대학교에서 물리학과 수학 학위를 취득한 후, 그 대학의 교수였던 피에르 퀴리를 만나 결혼을 했습니다. 피에르 퀴리 자신도 결정체의 자기 현상 등을 연구하던 유명한 과학자였지만 결혼 후에는 자신의 연구를 하는 대신 마리의 연구를 돕기 시작했지요.

마리 퀴리는 곧 남편의 뒤를 이어 작은 물리 연구실의 책임자가 되었습니다. 퀴리 부부가 함께 연구하던 연구실은 설비가 제대로 갖춰지지 않은 작은 창고에 불과했습니다. 겨울에 난방조차 되지 않는 열악한 환경 속에서도 그들은 오직 피치블렌드(역청 우라늄)에서 방사성 원소를 분리하는 데에만 전념했습니다.

1896년에 앙리 베크렐이 방사능을 발견한 후, 퀴리 부부도 더욱 방사능 연구에 열중했습니다. 그들은 우라늄 원광인 피치블렌드에서 많은 방사능이 나오는 것을 보고 그 안에 새로운 무언가가 있음을 깨달았습니다. 많은 어려움이 있었지만 꾸준한 실험 끝에 새로운 방사성 원소 두 개를 분리했고, 하나는 마리의 모국인 폴란드의 이름을 따 폴로늄(Po)으로 다른 하나는 라듐(Ra)으로 명명했습니다. 그들은 원소의 특성뿐만 아니라 치료 효과에 대해서도 많은 연구를 진행했습니다.

특히 그녀의 큰딸 이렌은 라듐으로 제 1차 세계대전에서 부상 당한 병사들을 치료하는 데 함께 동행하여 어머니를 돕기도 했습니다. 1929년에는 미국 후버 대통령으로부터 라듐 1그램을 살 수 있는 5만 달러를 기증받아 폴란드 바르샤바에 라듐 연구소를 세우는 데 기여했습니다.

이 공로를 인정받은 퀴리 부부는 앞서 이야기한 것처럼 1903년에 베크렐과 함께 노벨상을 수상했습니다. 또 마리 퀴리는 1911년에 많은 양의 라듐을 분리하여 특성을 밝히고 치료 효과를 규명하는 등의 업적을 세워 노벨 화학상을 수상했습니다. 이로써 마리는 노벨상을 두 번이나 수상한 최초의 여성 과학자 되었습니다. 아직까지도 물리학과 화학 두 분야의 노벨상을 수상한 사람은 마리 퀴리가 유일하지요.

노벨상을 두 번 수상한 과학자들

아무리 유능한 과학자라고 해도 노벨상을 받기는 쉽지 않습니다. 그런데 한 번 받기도 어려운 노벨상을 두 번이나 받은 과학자들이 있습니다. 방금 이야기 한 마리 퀴리 외에도 세 명이 더 있지요.

미국의 물리화학자인 라이너스 폴링은 현재의 화학 결합론의 기초를 구축하고 여러 기본 개념을 정립한 공로로 화학상을, 핵무기를 반대하는 평화 운동으로 평화상을 수상했습니다. 폴링은 두 번 모두 단독으로 수상한 기록을 남기기도 했습니다.

나머지 두 사람은 모두 같은 분야에서 두 번씩 받았습니다. 영국의 생화학자인 프레더릭 생어는 노벨 화학상을, 미국의 고체 물리학자 존 바딘은 노벨 물리학상을 수상했습니다.

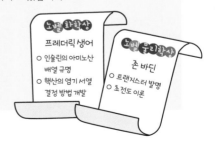

노벨 화학상
프레더릭 생어
○ 인슐린의 아미노산 배열 규명
○ 핵산의 염기 서열 결정 방법 개발

노벨 물리학상
존 바딘
○ 트랜지스터 발명
○ 초전도 이론

탐구력도 모전여전, 이렌 졸리오 퀴리

퀴리 부인의 첫째 딸인 이렌 퀴리는 1926년에 퀴리 부인의 조수였던 프레데리크 졸리오와 결혼합니다. 어머니의 뒤를 이어 방사능 물질에 대해 연구한 그들은 마리 사후 1년 뒤인 1935년에 부부가 함께 노벨상을 수상했습니다. 피에르 퀴리와 마리 퀴리 부부의 수상에 이은 두 번째 부부 수상이었지요.

퀴리 부인과 딸 이렌(1925년)

이렌과 프레데리크는 라듐 등의 천연 방사능을 이용해 인공 방사능을 만들었고 이 업적을 인정받아 노벨 화학상을 받았습니다. 또 1938년에 수행한 뉴트론(중성자)에 의한 우라늄 충돌에 대한 연구는 독일의 오토 한과 리제 마이트너의 연구와 함께 우라늄 연쇄 반응, 곧 핵분열의 원리 발견에 큰 역할을 했습니다.

이렌도 소르본 대학교의 정교수가 되었고 어머니가 세운 라듐 연구소의 소장을 지냈으며, 1948년에는 프랑스 최초의 원자로 건설과 오르세에 있는 프랑스 핵물리 연구소 창설에도 참여했습니다. 그녀의 어머니처럼 그녀도 많은 대학으로부터 명예박사학위를 받았고 또 유명 학회의 회원이었습니다. 하지만 그녀도 오랜 방사능 연구로 인한 백혈병으로 1956년, 파리에서 생을 마감했습니다.

앙리 베크렐

앙리 베크렐은 1852년, 유명한 과학자 가문에서 태어났습니다. 그의 할아버지와 아버지도 유명한 과학자였는데 특히 아버지인 알렉산더 베크렐은 형광과 광화학 등을 연구했던 과학자였습니다. 베크렐도 할아버지와 아버지의 영향을 받아 자연스럽게 실험과 연구에 관심을 갖게 되었습니다.

베크렐은 에콜 폴리테크닉(Ecole Polytechnique)을 졸업하고 고속도로와 교량을 전문으로 가르치는 학교에서 수학한 후에 1876년, 에콜 폴리테크닉의 조교수가 되었습니다. 나중에는 아버지처럼 프랑스 국립자연사박물관 관장(1892년)과 물리학 교수(1895년)를 역임했습니다.

베크렐은 아버지를 도우면서 전기 현상과 자기 현상, 여러 현상과 에너지 관계에 대해 연구했고 몇 년간은 자기장에 의한 빛의 편광 현상을 집중적으로 연구했습니다. 또 다양한 인광 물질 결정에 자외선을 조사한 후 발생하는 빛이 어떤 스펙트럼을 가지는지에 대해서도 관심을 가지고 연구했지요. 특히 아버지의 실험실에 많이 있었던 우라늄 화합물을 이용해 실험을 했습니다. 그는 존경받는 물리학자로서 1889년에 과학 아카데미의 회원이 되었고 인광 물질의 권위자로 널리 알려졌습니다.

베크렐은 1903년 퀴리 부부와 함께 제 3회 노벨 물리학상을 수상했으며, 과학계에서는 그의 방사선 발견을 기리기 위해 방사능 세기 단위를 '베크렐(Bq)'로 명명했습니다.

퀴리 부부

　　마리 퀴리는 베크렐선에 대한 연구를 진행했던 여러 과학자 중 한 사람으로 피치블렌드에서 방사성 원소를 분리해 낸 여성 과학자입니다. 그녀의 원래 이름은 마리아 스클로도프스카이며 1867년 11월 7일, 폴란드에서 태어났습니다. 그녀의 아버지는 중학교에서 수학과 물리를 가르치던 선생님이었는데, 여학교에 다니던 마리는 아버지에게 과학을 배웠다고 합니다. 후에 그녀는 파리로 유학을 떠나 소르본 대학교에서 물리학과 수학을 공부했고 여기서 피에르 퀴리를 만나 결혼합니다.

　　하지만 1906년, 피에르 퀴리가 달려오는 마차에 치여 숨지는 비극이 일어났습니다. 남편을 잃은 마리 퀴리는 깊은 상심에 빠졌지만 연구를 멈추지 않았고 1911년에 단독으로 노벨 화학상을 수상했습니다. 소르본 대학은 그녀가 남편의 뒤를 잇도록 했는데 대학 설립 이후 600년 역사상 여교수를 처음으로 임명한 사건이었다고 합니다. 1914년에는 대학 내 라듐 연구소인 퀴리 연구소의 소장이 되었습니다.

　　마리 퀴리는 세계 각국의 대학교와 연구소로부터 많은 상과 명예박사학위를 받았지만 항상 청렴하고 겸손한 생활을 해 존경을 받았습니다. 또 1911년 이후 그녀가 사망할 때까지 아인슈타인, 닐스 보어, 하이젠베르크와 같은 유명 물리학자들의 모임인 솔베이 위원회(Conseil du Physique Solvay)의 회원이기도 했습니다. 그녀는 1934년 7월 4일, 오랜 방사선 노출에 따른 백혈병으로 눈을 감았습니다.

　　한편, 마리 퀴리에 관해서는 다음과 같은 숨은 이야기가 있습니다. 당시 마리가 살았던 폴란드는 러시아에 점령 당해 식민 지배를 받고 있었습니다. 게다가 아버지의 실직으로 넉넉

마리의 첫 연인으로 알려진
카지미에시 조라프스키

하지 못했던 생활은 더욱 힘들어졌지요. 마리는 언니의 공부를 돕기 위해 가정교사가 되어 아이들을 가르쳤습니다. 마리의 희생으로 언니는 의사가 될 수 있었고 곧바로 언니는 마리를 프랑스 파리로 유학을 오도록 합니다.

그녀가 가정교사로 일했던 곳은 아버지의 먼 친척뻘 되는 사람의 집이었습니다. 마리는 그 집의 아들인 카지미에시 조라프스키와 사랑에 빠졌다고 합니다. 그들은 결혼을 꿈꾸었으나 마찬가지로 가난했던 조라프스키 가문과 결혼하는 것을 반대한 마리의 부모 때문에 결국 헤어져야 했습니다.

후에 조라프스키는 수학 박사 학위를 받고 교수가 되었으며, 폴란드 크라쿠프 대학교의 총장이 되었습니다. 바르샤바 공과대학의 학장이 되었던 만년에도 그는 젊은 시절의 사랑을 잊지 못해 마리가 세운 라듐 연구소에 자주 들려 그녀의 동상 앞에서 회상에 잠겼다고 합니다.

4장

전자기
유도 현상

마이클 패러데이

산수도 제대로 못하는 과학자?

마이클 패러데이(Michael Faraday)는 독특하게 과학자의 길을 걷게 된 사람인 동시에 과학의 역사상 가장 뛰어난 통찰력을 지닌 실험 물리학자입니다. 패러데이는 찢어지게 가난한 집에서 태어났고 학교 교육은 거의 받지 못했지만 실험을 통해 여러 과학 현상을 발견한 위대한 과학자가 되었지요. 패러데이는 화학과 물리, 특히 전자기학 분야에서 뛰어난 업적을 남겼습니다. 패러데이가 어떤 멋진 발견을 했는지 자세히 살펴봅시다.

뛰어난 실험 화학자, 패러데이

패러데이의 초기 연구는 그가 화학자인 험프리 데이비 경의 조수로 있을 때 이루어졌습니다. 그는 염소와 탄소를 이용해 두 가지 새로운 화합물을 발견했고 몇 종류의 기체를 액화시키는 데 성공했습니다. 또 철의 합금을 만드는 연구도 진행했고 실험을 거듭해 탄소 화합물인 벤젠을 발견했으며 산화수(oxidation number)도 발명했습니다. 무엇보다 다음에 소개할 전기 분해 법칙이야말로 패러데이의 가장 빛나는 업적일 것입니다.

패러데이의 전기 분해 법칙

전자가 발견되기 훨씬 전에 패러데이는 이미 전하의 양에는 최소한의 단위가 있다는 것을 실험적으로 증명했습니다. 1834년, 여러 금속을 전해질(주로 산성 물질)에 넣고 전기를 흘리면 양극(+) 쪽 금속판의 질량이 줄어들고, 음극(-) 쪽 금속판의 질량이 늘어나는 것을 발견했습니다. 양극에서 떨어져 나온 금속 이온이 음극에 달라붙기 때문이지요. 이것이 바로 전기 도금의 기본 원리입니다. 패러데이는 이 현상을 정량적으로 측정해서 다음과 같은 패러데이의 전기 분해 법칙으로 정리했습니다.

패러데이의 첫 번째 법칙

전기 분해를 할 때 한 전극에서 생성되는 물질의 양은 전극에 흐른 전류의 양에 비례한다.
    └ 이때 전류의 양은 쿨롱으로 측정되는 전하의 양(흘려보낸 전하량)을 의미하며 전류와는 다르다.

패러데이의 두 번째 법칙

전기 분해로 생성되거나 소모되는 물질의 양은 그 물질의 당량에 비례한다. 이때 당량은 원자량/이온의 전하수이다.
    └ 당량은 오늘날의 몰(mole)을 의미한다.

패러데이는 전하량은 전류와 다르다고 했습니다. 이때 전류는 전하의 단위 시간당의 흐름입니다. 그러므로 전류에서 전하량을 구하기 위해서는 전류를 흘린 시간을 곱하면 됩니다.

현재의 전기 도금(금 도금, 니켈 도금 등)은 패러데이의 전기 분해 법칙을 활용한 것입니다. 이 실험에서 패러데이는 이온(ion)이라는 용어를 처음 사용했습니다. 그는 각각의 금속에 이온이 있다는 것을 알았고, 일정량의 전하를 가지고 있다는 사실도 깨달았습니다. 다만 이 전하가 전자 때문인 것은 몰랐지요.

전자기 유도의 발견

앞서 이야기했듯이 패러데이는 전자기학 분야에서 많은 업적을 세웠습니다. 1821년에 최초로 전기 모터를 발명했는데, 이 모터는 현재 많은 전자 기기의 기초가 되는 기술을 포함하고 있습니다. 패러데이 이전에 영국의 과학자 윌리엄 울러스턴도 전기 모터를 만들려고 했지만 실패했지요. 패러데이는 이 위대한 발명을 데이비 경에게 먼저 보고하지 않고 자신의 이름으로 발표했는데, 이를 못마땅하게 여긴 데이비 경은 왕립 연구소에서 패러데이가 전자기에 대한 연구를 하지 못하도록 제재를 가하기도 했습니다. 1824년, 그는 자기장이 전기 회로에 어떤 영향을 미치는지 조사했지만 큰 소득이 없었습니다. 후에 패러데이는 새로운 상태의 유리를 만드는 데 성공했고 그 유리가 자기장하에서 빛을 편광시키는

성질이 있다는 것을 알아냈습니다. 또 자극에 의해 반발하는 반자성체도
발견했지요.

패러데이는 광학 유리를 완성시키는 데 전력을 다했고 데이비 경 사후
2년 뒤인 1831년, 전자기 유도에 대한 실험을 다시 시작했습니다.

전자기 유도 현상

패러데이가 전자기 유도 현상을 발견한 것은 철로 만든 링에 절연된 코
일을 감고 전류를 흘렸을 때였습니다. 그가 사용한 전류는 교류가 아닌
직류였기 때문에 한 코일(아래 그림에서 A)의 두 선을 전지에 연결하는 순간
과 떼는 순간에만 다른 코일(아래 그림에서 B)에 전류가 흐르는 것을 발견할
수 있었습니다.

전지에 연결한 후 코일을 살펴보면 A코일에는 시간이 지나도 일정 전
류가 흐르지만 B코일에는 더 이상 전류가 흐르지 않았습니다. 직류 전원
인 전지에서 나오는 전류는 코일의 저항에 따라 일정한 값을 가지기 때문
에 A코일에는 일정한 양의 전류가 흐릅니다.

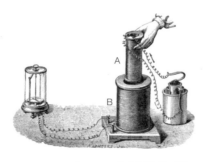

패러데이가 전자기 유도 현상을 발견한 실험

B코일의 경우 잠깐 전류가 흐르고 다시 전류가 발생하지 않았는데, A
코일에 흐르는 전류를 끊는 순간 B코일 쪽 검류계가 움직이는 것을 볼 수
있었습니다. A코일에 흐르는 전류의 변화가 있을 때만 B코일에 전류가
발생한 것이지요.

이를 전자기 상호유도라고 합니다. 전자기학에서 아주 중요한 현상이
지요. 패러데이는 전기와 자기가 별개의 현상이 아니고 서로 밀접하게
연관된 것임을 밝혔습니다. 현재 사용하는 교류용 변압기는 모두 이 원
리를 적용하여 만들어진 것입니다.

일련의 실험에서 패러데이는 감긴 코일 주위에서 자석을 움직이면 전
압이 발생하는 것도 알아냈습니다. 변화하는 자기장이 전기를 일으킨다
는 것을 발견한 것이지요.

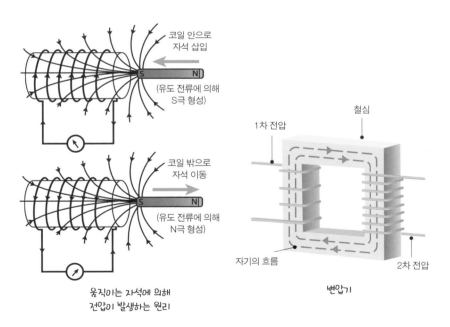

코일 안으로
자석 삽입

(유도 전류에 의해
S극 형성)

코일 밖으로
자석 이동

(유도 전류에 의해
N극 형성)

움직이는 자석에 의해
전압이 발생하는 원리

1차 전압

철심

자기의 흐름

2차 전압

변압기

지금 우리가 사용하는 모든 발전기와 변압기는 패러데이의 원리를 이용한 것입니다. 수학에 약했던 패러데이는 자신이 발견한 내용들을 공식으로 정리하지는 못했습니다. 후에 영국의 물리학자 제임스 맥스웰이 수식을 이용해 전자기학 방정식을 만들었고, 이를 패러데이의 전자기 유도 법칙이라고 합니다.

　패러데이는 전극에서 전력선이, 자극에서 자력선이 나와 주변 공간을 통해 다른 극으로 들어간다는 것을 그림으로 설명했지만 당시 과학자들은 이 생각을 받아들이지 못했습니다. 하지만 패러데이의 생각은 후에 전기장과 자기장 이론을 발전시키는 계기가 되었고 오늘날의 전자기학을 완성하는 밑거름이 되었습니다. 이외에도 그는 자기장에서 약하게 밀려 나가는 약한 반발력을 가지는 물질들이 있는 것을 발견하고 이런 성질을 반자성(Diamagnetism)이라 하였고, 반자성을 가지는 물질을 반자성체라고 명명했습니다.

　1862년, 패러데이는 자기장하에서 빛의 스펙트럼을 분리하는 실험을 했으나 장비가 미비한 탓에 스펙트럼을 분리하는 데 실패했습니다. 하지

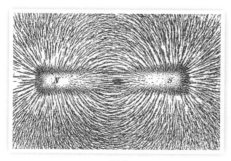

자력선

반자성체

패러데이의 새장
······················

패러데이는 전기가 통하는 도체에서 전하는 도체의 표면에만 존재하고 내부에는 전기장이
존재하지 않는다는 것을 발견했습니다. 이를 패러데이의 새장(Faraday cage)이라고 합니다.
이 효과는 전자 기기의 여러 곳에서 사용되는데 특히 고주파 신호를 전달하는 선은 패러데
이의 새장 효과를 이용해 옆선의 간섭을 막을 수 있습니다. 또 미국의 반데그라프는 이 효
과를 이용해 고압 발생기를 만들었습니다.

만 이 실험 내용을 바탕으로 30여 년 후인 1897년, 네덜란드의 물리학자
피터르 제이만이 자기장 안에서 광원이 스펙트럼선으로 갈라지는 현상
을 발견하고 제이만 효과라고 명명했습니다. 이 발견으로 1902년에 노벨
물리학상을 수상한 그는 시상식 연설에서 패러데이의 선구적인 실험에
영향을 받았다고 말했습니다.

이처럼 패러데이는 정규 교육조차 제대로 받지 못했고 수학은 겨우 덧
셈, 뺄셈 정도밖에 할 수 없었지만 물리학의 기본 현상이나 원리를 찾아
내고 이해하는 데는 어떤 과학자보다도 뛰어났습니다. 패러데이는 계급
사회였던 영국의 극심한 차별과 그를 고용한 데이비 경과 그의 부인으로
부터 받은 부당한 대우를 이겨 내고 꿋꿋이 연구와 실험에 몰두했습니
다. 그 결과 당대 최고의 권위를 자랑하던 영국 왕립학회의 회장직에 두
번이나 추천되었고 여왕으로부터 귀족 작위가 내려졌습니다. 하지만 소
박하고 검소했던 패러데이는 회장직과 작위 모두 거절했습니다.

이 책을 읽는 여러분들 중 과학자를 꿈꾸는 사람이 있을 것입니다. 혹

패러데이가 영국 왕립학회 연구소에서 강의하는 모습(1856년)

시 지금 어려움을 겪는 사람이 있다면 패러데이를 생각해 보세요. 꾸준히 노력하고 실패를 두려워하지 않는다면 분명 훌륭한 과학자가 될 날이 올 것입니다.

마이클 패러데이

마이클 패러데이는 1791년 9월 22일, 런던에서 태어났습니다. 패러데이의 아버지는 가난한 대장장이였고 아주 신실한 기독교 신자였습니다. 패러데이의 가족은 아버지와 어머니, 형과 누나, 여동생이었는데 너무 가난해 교육이라고는 겨우 읽고 쓰는 정도만 배울 수 있었습니다.

14세가 되던 해에 서점과 제본소를 운영하던 리보의 조수이자 견습공이 된 패러데이는 제본 일을 배우며 많은 책을 읽었습니다. 특히 화학과 전기에 대해 큰 흥미를 느끼고 실험 기구를 제작해 직접 실험을 하기도 했습니다.

견습공으로 일했던 1812년, 20세의 패러데이는 당시 유명한 과학자이자 왕립학회의 회원이고, 후에 회장까지 지낸 험프리 데이비(Humphry Davy) 경이 주최한 강연회에 참석했습니다. 패러데이는 강연 내용을 상세히 적어 무려 300쪽에 달하는 사본을 만들어 데이비 경에게 보냈는데, 이를 계기로 데이비 경을 만날 수 있었습니다.

1812년 10월, 데이비 경은 질소 화합물로 실험을 하다 폭발 사고를 당해 눈에 큰 부상을 입었습니다. 데이비 경은 자신의 실험을 도와줄 조수로 패러데이를 떠올렸고, 바로 연락을 해 조수로 삼았습니다. 실험을 돕는 일은 금방 끝났지만, 얼마 후 커다란 행운이 찾아왔습니다. 왕립 연구소의 조수 한 사람이 해고를 당했는데, 데이비가 그 자리에 패러데이를 추천한 것입니다. 이렇게 패러데이는 1813년 3월, 왕립 연구소의 화학 담당 조수가 되었습니다.

하지만 계급을 중요하게 여겼던 영국 학회에서는 패러데이를 인정하지 않았습니다. 심지어 데이비의 부인마저도 그를 조수로 인정하지 않고 시종 중 하나로 취급했지요. 데이비가 학회 참석과 연구를 위해 부인과 함께 3년에 걸친 유럽 여행을 계획했을 때 패러데이는 그의 비서 겸 조수로 동행했습니다. 이때도 데이비의 부인은 패러데이를 다른 시종들과 함

왕실 연구소에 있던 패러데이의 실험실

께 삼등 열차에 태웠고 식사도 그들과 함께 하도록 했다고 합니다. 비록 좋은 대우를 받지는 못했지만 유럽 여행을 하며 그는 과학이 산업 발전에 미친 영향들을 직접 느낄 수 있었고 새롭고 신기한 것들을 많이 접할 수 있었습니다. 게다가 저명한 과학자들의 강연도 들을 수 있었으며 직접 만날 수도 있었습니다.

여행 이후 패러데이는 왕립학회의 조수로 다시 고용되었습니다. 이곳에서 약 40년을 지낸 패러데이는 다양한 실험과 강의를 했고 여러 분야에서 뛰어난 발견을 했습니다. 특히 크리스마스가 되면 과학 강연을 열어 대중에게 과학 지식을 전파하고자 노력했습니다. 이 강연회는 영국의 전통이 되어 아직까지도 열리고 있다고 합니다.

말년의 패러데이는 기억 상실증에 시달렸지만 연구를 멈추지 않았습니다. 그는 1861년 크리스마스에 마지막 강연을 한 후 모든 직위를 사임하고 평온한 생활을 하다가 1867년, 76세의 나이로 사망했습니다. 그는 현재 런던 하이게이트 공동묘지에 묻혀 있습니다.

5장

전자의
발견

조지프 존 톰슨

음극선과 전자 발견의 배경

패러데이가 전기 분해 법칙을 발견한 이후 물질에는 전기를 전달하는 이온이 있다는 것이 알려졌습니다. 또 1874년, 아일랜드의 물리학자 조지 스토니는 가장 작은 단위의 전기량이 있다고 주장하며 이 전기는 원자에 붙어 있다고 했습니다.

1881년에 독일의 과학자 헤르만 폰 헬름홀츠는 양전기와 음전기가 원자에 함께 붙어 있다고 생각했습니다. 크룩스관으로 유명한 영국의 과학자 윌리엄 크룩스는 여러 실험을 통해 음극선의 성질을 밝혔습니다. 그는 에너지가 음극에서 양극으로 전달되는 것을 보였고, 또 자기장에서 음극선이 마치 음전기를 띤 것처럼 경로가 휘어지는 것도 발견했습니다. 하지만 실험에 사용했던 음극선관이 충분한 진공 상태가 아니었기 때문에 전기장에서 음극선이 휘어지는 현상은 관찰하지 못했지요. 그래서 크룩스는 음극선이 하나의 입자가 아닌 물질의 또 다른 상태(고체, 액체, 기체가 아닌 제 4의 상태)라고 생각해 빛나는 물체라고 불렀습니다. 1895년에는 장 바티

스트 페랭이 크룩스관의 음극선이 음전기를 띠고 있음을 증명했지요.

하지만 1896년, 조지프 존 톰슨(Joseph John Thomson)과 그의 동료인 존 타운센드, 해럴드 윌슨은 크룩스의 생각과는 달리 음극선이 물질의 또 다른 상태가 아니라 별개의 입자라는 것을 발견했습니다. 톰슨은 음극선이 음으로 하전(전기를 띰)된 미립자라고 생각하고 실험을 통해 질량 대 전하의 비(e/m, m은 전자의 질량, e는 전하량)를 추정할 수 있었습니다.

이후에 방사선에서 나오는 것(베타 붕괴 시 나오는 전자)이나 열을 가할 때 나오는 것(열전자), 빛에 의해 발생하는 것(광전자) 모두 동일한 입자라는 사실도 알아냈지요. 이렇게 해서 모든 원자에 공통적으로 전자가 들어 있음을 밝혀냈습니다. 다만 톰슨은 전자의 질량이나 전하량의 값을 각각 구하지는 못하고 전자의 질량 대 전하의 비(e/m)만 알아냈습니다.

크룩스가 전자를 물질의 한 상태라고 주장한 것과 달리 톰슨은 전자가 독립된 하나의 입자이며 모든 물질에 공통적으로 들어 있다고 결론 지었습니다. 이 업적으로 톰슨은 1906년에 노벨 물리학상을 받았습니다.

사실 톰슨 이전에도 윌리엄 크룩스, 장 페랭, 토머스 에디슨, 니콜라 테슬라와 같은 과학자들이 전자 때문에 일어나는 현상들을 실험적으로 발견했습니다. 특히 에디슨은 전자로 인한 현상을 가장 먼저 발견하고 주위에 보여 주기도 해서 그의 이름을 따 에디슨 효과(고온의 물체에서 전자가 방출되는 현상)라고 부르기도 합니다.

하지만 에디슨은 현상의 원인을 규명하는 대신 개발 중이던 전구의 유리관 내부를 검게 만드는 탄소(에디슨은 착색 현상이 탄소 때문이라고 생각함)를 없애기 위해 전력을 다했습니다. 반면 톰슨은 음극 재료로 어떠한 금속

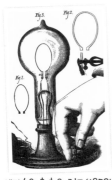

에디슨의 최초의 전구(1879년)

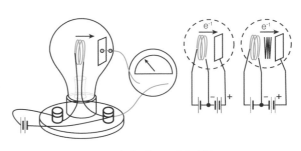

에디슨 효과를 보여 주는 실험
고온의 필라멘트에서 나온 전자 때문에 일어난다.

을 사용해도 같은 현상이 일어나는 것을 보고 무엇인가 공통된 물질이 있다고 추론했습니다. 전자의 발견은 에디슨이 먼저 했지만 전구에 집중한 탓에 노벨상을 톰슨에게 양보한 셈이지요.

크룩스 역시 톰슨과 같은 현상을 발견했지만 그의 음극선관이 충분히 진공 상태가 아니었으므로 전기장에서 음극선이 휘어지는 현상을 발견할 수 없었습니다. 그래서 크룩스는 음극선을 플라스마와 같이 물질의 또 다른 상태라고 잘못 생각한 것이지요.

전자 발견에 관한 실험

이제 톰슨이 전자를 발견할 수 있었던 실험에 대해 구체적으로 알아봅시다. 톰슨은 기존에 사용되었던 음극선관보다 더 완벽한 진공 상태인 음극선관을 이용해 세 가지 실험을 했습니다.

첫 번째 실험에서 톰슨은 음극선관에 자기장을 걸어 음극선이 자기장

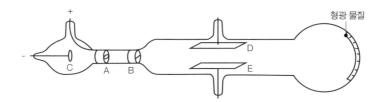

톰슨이 실험에 사용한 음극선관 중 하나(전기장 내에서의 음극선의 이동 거리 측정 장치)

에 의해 휘어지는 것을 관찰했습니다. 음극선이 휘어지는 정도는 자기장의 세기와 관련이 있다는 것도 발견했지요.

두 번째 실험은 위 그림과 같은 장치를 사용했습니다. 전기장에서 음극선이 휘어지는지 확인하기 위해 음극선관 안에 평행 전극(D와 E)을 설치하고 전압을 걸어 음극선의 경로를 확인하는 장치입니다.

위 그림에서 음극 C에서 발생한 전자는 음극 C와 양극 A 사이에 걸린 전압을 통해 가속되고, 슬릿 B를 거쳐 가느다란 음극선 빔이 됩니다. D와 E는 평행 전극으로 전압을 걸지 않으면 전기장이 형성되지 않기 때문에 음극선은 곧게 나아가서 형광 물질이 칠해진 오른쪽 벽 중앙에 도달합니다. 하지만 D와 E에 전압을 걸면 전기의 극(+ 또는 -)에 따라 음극선이 위 또는 아래로 이동하는 것을 관찰할 수 있습니다. 만약 D가 (+), E가 (-)라면 음극선은 위쪽, 곧 (+)쪽으로 휘어집니다.

톰슨은 전기장의 방향을 바꿀 때마다 음극선의 이동 방향이 달라지는 것을 관찰하고, 이동 거리를 측정했습니다. 그 결과 음극선의 이동 거리는 전극에 걸린 전압과 음극선의 전하에 비례하고, 음극선을 이루는 물질의 질량에는 반비례할 것이라고 결론 내렸습니다.

앞서 언급했듯이 크룩스도 전기장에 대한 비슷한 실험을 했지만 음극선관의 진공도가 떨어졌던 탓에 휘어지는 것을 관찰하지 못했습니다. 음극선에서 나온 전자가 가속되어 평행 전극을 통과하기도 전에 관 속에 있던 다른 기체 입자들과 충돌해 경로가 바뀌어 버렸기 때문입니다.

세 번째 실험에서 톰슨은 음극선이 전자의 흐름이고 질량 대 전하의 비 (e/m)는 가장 가벼운 원소인 수소의 약 $^1/_{1,000}$ 정도라고 추정했습니다. 또이 질량 대 전하의 비는 음극에 사용된 금속의 종류와는 관계없이 동일하다는 것도 알아냈습니다. 하지만 질량이나 전하량을 각각 구할 수는 없었습니다. 정확한 전하의 측정은 미국의 실험 물리학자 로버트 밀리컨이 기름방울 실험을 하고 나서야 알 수 있었습니다.

톰슨의 플럼 푸딩 원자 모형

1897년에 전자를 발견한 이후, 톰슨은 자신만의 원자 모형을 발표했습니다. 1803년, 존 돌턴이 원자를 더 이상 쪼개지지 않는 단단한 공 모양의 입자라고 발표한 것과 달리 톰슨은 음전하를 띤 입자(전자)가 있으므로 전기적으로 중성을 유지하려면 양전하를 띤 입자가 필요하다고 생각했습니다. 곧 원자가 더 작은 물질로 쪼개질 수 있고 음전하와 양전하를 띤 물질이 합쳐져 중성인 원자가 된다는 것이지요. 이렇게 해서 톰슨은 1904년에 플럼 푸딩 원자 모형을 발표합니다.

플럼 푸딩은 서양에서 주로 먹는 디저트의 일종으로 건포도를 넣은 케

플럼 푸딩 케이크   검은 씨가 박힌 수박

이크입니다. 케이크에 듬성듬성 박혀 있는 건포도를 전자로 본다면, 케이크의 빵 부분이 전자를 둘러싸고 있는 양성자이지요. 검은 씨가 박힌 수박을 떠올려 보세요. 수박씨를 전자라고 하고 붉은 과육을 양성자라고 생각하면 훨씬 이해하기 쉬울 것입니다. 이처럼 톰슨은 전자와 양성자들이 서로 섞여 있는 원자 모형을 제안했습니다.

하지만 이 모형은 톰슨의 제자인 어니스트 러더퍼드에 의해 틀린 것으로 판명되었습니다. 원자 모형은 계속해서 단점을 보완하며 러더퍼드-보어 모형으로 바뀌었고, 현재는 특정 위치에서 전자가 발견될 확률을 구름으로 나타낸 모형까지 등장했습니다. 하지만 여전히 러더퍼드-보어 모형이 원자의 상태를 가장 잘 나타내는 모형으로 알려져 있습니다.

| 존 돌턴 (1807년) | 조지프 존 톰슨 (1904년) | 어니스트 러더퍼드 (1911년) | 닐스 보어 (1913년) | 어윈 슈뢰딩거 (1926년) |

원자 모형의 발달 과정

조지프 존 톰슨

조지프 존 톰슨은 1856년 12월 18일, 스코틀랜드 맨체스터에서 태어났습니다. 그는 1870년 당시 오웬스 대학(현 맨체스터 대학교)에 입학하였다가 1876년, 케임브리지의 트리니티 대학교로 옮겨 공부를 계속했습니다. 특히 그는 수학 분야 최우등 졸업생을 의미하는 랭글러였으며 어려운 수학 문제를 겨루는 스미스 경진 대회에서도 뛰어난 성적을 거뒀습니다.

강사를 거쳐 1894년에 교수가 된 톰슨은 레일리 경(영국의 물리학자, 존 윌리엄 스트럿)의 뒤를 이어 실험 물리학의 캐번디시 교수(Cavendish Professor, 캐번디시 연구소 소장)가 되었습니다. 1918년엔 학장 자리까지 오르게 되었지요.

톰슨은 일찍부터 원자 구조에 대해 깊은 관심을 가지고 연구했으며 「소용돌이 고리에 대하여」라는 논문으로 1884년에 애덤스 상을 수상했습니다. 또 「동력학의 물리학과 화학에의 응용」(1886년), 「전기와 자기에 대한 최근의 연구」(1892년)라는 논문을 발표했습니다. 특히 이 논문은 제임스 맥스웰의 이론을 이용하여 얻은 결과를 정리한 것으로 제임스 맥스웰의 세 번째 저서라고 불려질 만한 책이라고 합니다.

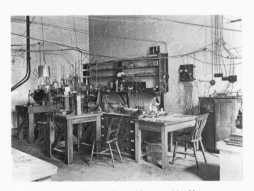

1920년대 캐번디시 연구소의 연구실

톰슨은 당시 전자기학의 포인팅

벡터(Poynting vector)로 잘 알려진 존 헨리 포인팅 교수와 함께 4권으로 된 물리학 교과서를 출간했습니다. 1895년에는 『물성』과 『전자기학의 수학적 기초』를, 1897년에는 미국 프린스턴 대학교에서 진행한 네 번의 강의를 정리한 책인 『가스를 통한 방전』을 출간했습니다.

그는 미국에서 돌아온 직후 음극선 실험으로 전자를 발견하였으며, 1897년 4월 30일 영국 왕립학회 회의에서 발표했습니다. 전자의 발견을 처음으로 세상에 알린 것이었습니다. 이후에 미국 예일 대학교에서 6번의 강의를 했는데 강의 내용에 원자 구조에 대한 중요한 예시가 포함되어 있었다고 합니다. 그는 양극선(Positive rays)을 이용해 원자에 동위 원소가 있음을 밝혔는데, 훗날 그의 제자인 프랜시스 애스턴과 미국의 아서 뎀프스터에 의해 질량분석기로 증명되었습니다.

그는 1907년에 『빛의 구조』, 『빛의 입자론』, 『양전기의 빛들』, 『화학에 있어서의 전기』 등의 책을 출간했습니다. 이외에도 여러 나라로부터 수많은 상장과 명예박사학위를 받았으며 1906년에는 노벨 물리학상을 받았습니다. 또 여왕으로부터 기사 작위를 받았고 1912년에 메리트 훈장(공로 훈장)을 받았지요. 1884년에 왕립학회 회원이 되었으며 1916년부터 4년 동안 회장을 역임했습니다.

그는 실험 물리학자로서 많은 업적을 남기는 동시에 훌륭한 지도자이기도 했습니다. 그는 유능한 제자를 많이 양성했는데 무려 7명이나(어니스트 러더퍼드, 찰스 톰슨 리스 윌슨, 닐스 보어, 막스 보른, 프랜시스 애스턴, 오언 리처드슨, 윌리엄 브래그) 노벨상을 수상하기도 했습니다. 수상자 외에도 로버트 오펜하이머, 폴 랑주뱅처럼 물리학 분야에 큰 업적들 남긴 과학자들도 그의 제자였고 아들인 조지 패짓 톰슨도 1937년에 노벨 물리학상을 수상했습니다.

톰슨은 옥스퍼드 대학교에서 원자론에 대한 강의를 하였고 1918년부터 일생을 케임브리지 대학교에서 제자를 양성했습니다. 그는 1940년 8월 30일, 84세의 나이로 사망한 뒤 웨스트민스터 성당에 묻혔습니다.

6장

광전
효과

하인리히 헤르츠

필리프 레나르트

알베르트 아인슈타인

광전 효과의 발견

광전 효과는 물리학의 역사에 큰 영향을 미친 이론 중 하나입니다. 광전 효과란 물질(주로 금속) 표면에 자외선과 같이 짧은 파장의 빛을 비추면 전자가 튀어나오는 현상으로 1887년, 하인리히 헤르츠(Heinrich Hertz)가 발견했습니다. 그는 한 해 앞서서 맥스웰이 예견했던 전자기파의 존재를 실험을 통해 처음으로 세상에 밝힌 과학자이기도 하지요.

처음에는 헤르츠 효과라고 알려졌지만 다른 과학자들이 연구를 거듭하면서 광전 효과로 불리게 되었습니다. 당시에는 전자가 발견되기 전이어서 그런 현상이 왜 일어나는지 아무도 몰랐습니다. 그래서 헤르츠는 광전 효과가 일어났다는 사실만 발표했지요.

헤르츠는 다음과 같은 장치로 실험을 하다 광전 효과를 발견했습니다. 원래 이 장치는 맥스웰이 예언한 전자기파를 검출하기 위한 것이었습니다. 장치 중 왼쪽은 금속구 두 개를 설치하여 전위차에 의해 방전이 발생하도록 만든 송신부(전파 발생기)이고, 오른쪽은 전자기파를 감지하면 방전

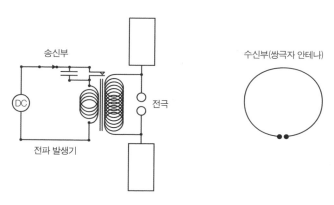

전자기파와 광전 효과를 발견한 헤르츠의 실험 장치 설계도(1887년)

이 일어나는 수신부(쌍극자 안테나)입니다. 송신부에 전류를 흘리면 전극(금속구 두 개) 사이에 방전이 일어나 전자기파가 발생합니다. 이때 전자기파는 수신부에 전달되어 방전을 일으키지요. 헤르츠는 금속구 사이에 자외선을 조사하면 더 낮은 전압에서도 방전이 일어나는 것을 관찰했습니다. 곧 전자가 쉽게 방출되어서 전압이 낮아도 방전이 일어난 것입니다. 동시에 수신부의 방전이 더 강해지는 것도 알아냈지요.

처음에는 이런 현상이 전자기파와 관련이 있을 것이라 생각했을 뿐 정확한 원인을 규명할 수 없었습니다. 그런데 우연히 송신부와 수신부 사이에 유리판을 넣었더니 수신부의 방전 불꽃이 약해지는 것을 보았습니다. 헤르츠는 이 현상이 혹시 자외선 때문은 아닐까라는 의문을 가지고 유리판 대신 자외선을 흡수하지 않는 석영판을 넣었습니다. 그 결과 수신기의 방전 불꽃이 다시 강해진 것을 발견했습니다. 결국 그 현상은 자외선 때문임이 드러난 것이지요.

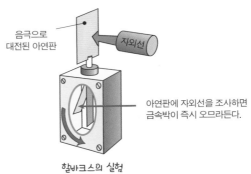

음극으로
대전된 아연판

자외선

아연판에 자외선을 조사하면
금속박이 즉시 오므라든다.

할바크스의 실험

독일의 빌헬름 할바크스는 헤르츠의 실험을 좀 더 이해하기 쉽게 만들었습니다. 먼저 잘 닦은 아연판을 금속박으로 된 검전기(일렉트로스코프) 위에 고정하고 금속박을 음전기(-)로 대전시켰습니다. 그는 아연판에 수은 등에서 나오는 자외선을 조사하면 급격히 방전량이 늘어나고 검전기의 날개가 오므라드는 것을 관찰했습니다. 하지만 할바크스는 이 현상을 설명할 수 있는 이론을 제시하지 않았습니다. 대신 1899년에 영국의 톰슨이 다른 실험을 하여 원인이 무엇인지 밝혀냈지요.

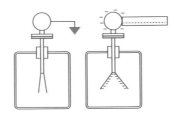

검전기의 작동 원리

전하가 없을 때에는 금속박으로 된 날개가 닫혀 있지만 전하가 있으면, 곧 대전되면 전하의 반발력으로 인해 날개가 열린다. 검전기를 통해 물체의 대전 여부와 대전된 전하량의 크기, 대전체의 종류를 확인할 수 있다.

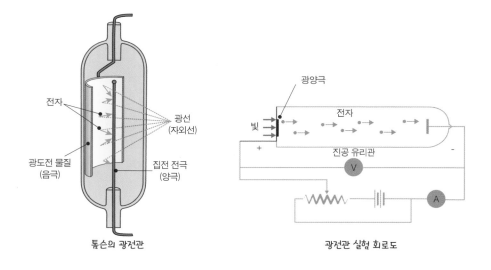

전자

광선
(자외선)

광도전 물질
(음극)

집전 전극
(양극)

톰슨의 광전관

광양극

전자

빛

+

진공 유리관

-

V

A

광전관 실험 회로도

톰슨은 위의 그림과 같은 광전관을 만들었습니다. 그는 금속으로 만든 넓은 음극과 얇은 선으로 만든 양극을 넣고 유리로 봉한 다음, 공기를 빼 진공 상태로 만들었습니다. 이것은 그가 실험할 때 사용하던 음극선관과 거의 비슷하지만 높은 전압을 거는 대신 자외선을 사용했습니다. 톰슨은 음극에 자외선을 조사했을 때 음극선관에서 나오는 것처럼 전자들이 나 오는 것을 발견했습니다. 전압 대신 사용한 자외선이 전자들을 금속 표 면에서 튀어나오도록 만드는 것이지요.

톰슨은 이 실험을 통해 튀어나오는 전자의 수와 전자가 가지는 에너지 는 빛의 세기에 비례할 것이라고 추정했습니다. 빛이 강하면 강할수록 전자를 더 강하게 흔들고 튀어나오는 전자 수와 전자가 가진 에너지도 증 가할 것이라 생각했기 때문입니다. 반대로 빛이 약하면 전자들이 충분한 에너지를 얻기까지 시간이 더 걸리므로 금속 표면에서 천천히 튀어나올 것이라 생각했습니다.

광전 효과의 발견자 헤르츠와 광전 효과의 특성을 규명한 레나르트, 그 원리를 설명한 아인슈타인

그러나 1902년, 헝가리 출신 과학자 필리프 레나르트(Philipp Lenard)는 전자가 튀어나오는 속도가 빛의 세기와는 무관하다는 것을 발견했습니다. 먼저 그는 강력한 탄소 아크 램프를 사용해 전극을 하나 더 넣은 광전관을 만든 다음, 아주 약한 전압을 걸어 전자가 튀어나오도록 했습니다. 이때 튀어나온 전자 중 걸어준 전압을 극복할 수 있는 에너지를 얻은 전자만이 추가된 전극에 도달할 수 있게 했습니다. 그리고 전극 사이에는 갈바노미터(미소 전류를 측정할 수 있는 검류계)를 연결해 전극에 도달하는 전자의 에너지를 측정했습니다.

그 결과 걸어 준 전압보다 더 높은 에너지를 가진 전자만이 전극에 도달하여 전류가 흘렀습니다. 그런데 이러한 전압을 극복하는 것은 빛의 세기(밝기)와는 전혀 관계가 없었고 빛의 파장과 관계가 있었습니다. 곧 방출된 전자 에너지는 빛의 세기와 상관이 없고 빛의 파장(진동수)과 관련이 있다는 것을 확인한 것이지요. 빛의 세기가 세면 흐르기 시작한 전류의 양은 증가하지만 이보다 먼저 전류를 흐르게 하려면 최소한의 파장이 필요하다는 말입니다.

또한 레나르트는 아무리 약한 빛이라도 자외선처럼 파장이 짧은 빛을 조사하면 금속 표면에서 순식간에 전자가 나오는 것을 보았습니다. 반대로 아무리 강한 빛이어도 파장이 길면 광전 효과가 전혀 일어나지 않는 것도 알았습니다. 이렇게 레나르트는 광전 효과의 특성을 밝혔습니다. 후에 레나르트는 1905년, 음극선관을 이용한 연구로 노벨 물리학상을 수상했습니다. 안타깝게도 전자기파의 존재와 광전 효과를 발견한 하인리히 헤르츠는 1894년에 37세라는 젊은 나이로 세상을 떠났기 때문에 노벨상을 수상하지 못했지요. 최초의 노벨 물리학상은 헤르츠 사후 7년이 지난 1901년, 빌헬름 뢴트겐에게 수여되었습니다.

광전 효과와 빛의 파동

당시 레나르트는 자신이 발견한 것을 설명할 수 없었습니다. 그때까지 알려진 빛이 파동이라는 이론으로는 도저히 이해할 수 없는 현상이었기 때문입니다. 만일 빛이 파동이라면 강한 빛을 조사했을 때, 전자가 더 많은 에너지를 갖게 됩니다. 반대로 약한 빛을 조사하면 전자가 필요한 에너지를 얻는 데 시간이 오래 걸리므로 금속 표면을 빠져나오기까지 상당한 시간이 걸립니다. 레나르트의 실험 결과와 전혀 맞지 않았지요. 이때 이 현상을 최초로 설명한 사람이 등장합니다. 바로 알베르트 아인슈타인(Albert Einstein)입니다. 당시 그는 스위스의 특허청에서 준심사관으로 일하고 있었습니다. 그는 1905년, 광전 효과를 설명하는 간단한 논문을 발표했습니다.

광전 효과의 해석과 광양자설

　금속 내의 전자는 전기력과 (+) 전하 때문에 묶여 있는 상태입니다. 여기에 파장이 짧은 (높은 에너지를 가진) 빛을 조사하면 빛의 입자성에 의해 빛 알갱이(광자)와 전자가 충돌을 일으켜 전자가 튀어나오게 되지요. 이것이 바로 광전 효과입니다. 앞서 말했듯이 빛은 파동이다라는 사실로는 이 현상을 설명할 수 없었습니다. 그때 아인슈타인은 빛을 입자라고 가정하고 광전 효과를 설명했습니다.

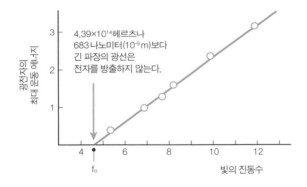

　위 그래프는 광전 효과를 나타낸 것으로 X축은 조사하는 빛의 진동수를 나타내고 Y축은 방출되는 전자의 운동 에너지를 나타냅니다. 그래프에서 알 수 있듯이 전자의 운동 에너지는 빛의 진동수에 비례합니다. 또한 특정 진동수(4.39×10^{14}헤르츠, f_0) 이하에서는 전자가 방출되지 않음을 나타냅니다.

　이 직선을 방정식으로 나타내 봅시다.

$$y = ax + b$$

이때 y는 전자의 운동 에너지 E이고 x는 진동수 f입니다. 이를 위의 식에 대입하면

$$E = af + b \cdots (1)$$

로 나타낼 수 있습니다. 여기서 a와 b는 비례상수입니다.

그런데 위 그래프에서 E=0일 때 최소의 진동수 f_0은

$$0 = af_0 + b$$

$b = -af_0$ 이므로 (1)에 대입하면

$$\therefore E = af - af_0$$

으로 나타낼 수 있습니다. 여기서 f_0는 금속 표면으로부터 전자를 튀어나오게 하는 최소 진동수로 문턱 진동수라고도 합니다. 아인슈타인은 이를 일함수(work function, W, ϕ)라고 했습니다.

그러므로 위의 식을 고치면 아래와 같습니다.

$$\therefore E = af - W$$

아인슈타인은 1900년에 발표된 플랑크의 양자 개념을 빛에도 적용했습니다. 그는 빛이 어떤 최소의 에너지 단위로 뭉쳐 있을 것이라 생각했고 이는 후에 광자(Photon)로 밝혀졌습니다.

플랑크는 1901년, 양자가설을 제시하며 광자 한 개의 에너지 E = hf로 나타낼 수 있다고 했습니다. 이때 h는 플랑크 상수이지요. 앞서 도출한 공식에 플랑크의 양자설을 도입하면 비례상수 a가 h임을 알 수 있습니다.

$$\therefore E = hf - W$$

이것이 바로 아인슈타인에게 노벨 물리학상(1921년)을 안겨 준 광전 효과에 관한 식입니다.

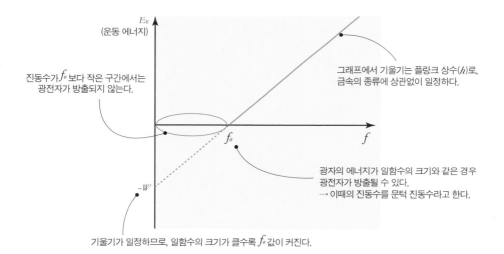

E_K
(운동 에너지)

진동수가 f_0 보다 작은 구간에서는
광전자가 방출되지 않는다.

그래프에서 기울기는 플랑크 상수(h)로,
금속의 종류에 상관없이 일정하다.

f_0

f

광자의 에너지가 일함수의 크기와 같은 경우
광전자가 방출될 수 있다.
→ 이때의 진동수를 문턱 진동수라고 한다.

$-W$

기울기가 일정하므로, 일함수의 크기가 클수록 f_0값이 커진다.

이 식으로 광전 효과에 의한 대부분의 현상을 설명할 수 있었습니다. 하지만 당시 과학자들은 맥스웰의 파동 방정식을 이용하면 광전 효과를 제외한 다른 현상을 설명할 수 있었기 때문에 아인슈타인의 가정을 인정하려 하지 않았습니다.

특히 미국의 로버트 밀리컨은 아인슈타인이 틀렸다는 것을 증명하기 위해 광전 효과를 이용해 플랑크 상수를 정밀하게 측정했습니다. 무려 10년의 시간이 흐른 뒤에야, 밀리컨은 아인슈타인의 이론을 받아들였습니다. 플랑크 상수의 값이 열역학적으로 측정한 값과 겨우 0.5퍼센트밖에 차이가 나지 않았기 때문입니다.

하지만 아인슈타인이 제시한 빛의 입자설도 완벽한 것은 아니었습니다. 광전 효과의 또 다른 특성인 전자의 편광 현상은 빛이 입자라는 이론으로는 설명이 되지 않기 때문입니다. 현재는 양자역학을 이용해 설명하고 있지만, 여기서도 빛을 입자 대신 파동으로 취급하고 있습니다. 게다가 정확한 값이 아닌 확률론으로만 설명하지요. 결국 아인슈타인의 이론도 수정이 불가피해졌습니다.

광전 효과로 인한 여러 현상

광전 효과는 진공 상태의 우주를 항해하는 우주선에서도 일어납니다. 금속으로 된 선체에 태양빛이 비치면 전자가 방출되고 선체는 높은 전압으로 대전됩니다. 이 때문에 우주선 내의 전자 기기나 회로 등이 파손되거나 손상되기도 합니다.

달에서도 광전 효과가 나타납니다. 알다시피 달에는 공기가 없어서 작은 먼지도 표면으로 낙하합니다. 곧 떠다니는 먼지가 없어야 하지요. 하지만 우주선에서 찍은 달의 사진을 보면 지구의 석양과 비슷한 빛의 산란 현상이 나타납니다. 태양빛이 비치면 먼지 알갱이에서 광전 효과에 의해 전자가 튀어나와 하전(전위차를 갖게 됨)되고, 대전된 상태의 먼지 알갱이들은 서로 밀어내는 힘(척력)을 받아 정전기 부양에 의해 공중을 떠다니기 때문입니다.

광전 효과의 응용

태양 전지

전 세계가 청정 에너지원으로 사용하고 있는 태양 전지는 태양의 빛에너지를 전기 에너지로 바꾸는 장치입니다. 태양 전지는 광전 효과를 직접적으로 사용하고 있는 기술 중 하나이지요.

지구 표면에 도달하는 태양 에너지는 1제곱미터(m^2)당 약 1킬로와트(kw)입니다. 그러므로 1제곱킬로미터(km^2)에 도달하는 태양 에너지는 약 100만 킬로와트로 대형 발전소의 발전량과 비슷합니다. 물론 태양 전지의 효율이 20퍼센트 미만이어서 다른 에너지원으로부터 얻는 전력과 비슷한 양을 얻기 위해서는 앞서 말한 면적보다 훨씬 더 넓은 면적을 필요로 합니다.

하지만 태양 전지는 한번 설치하면 지구로 오는 태양 에너지를 손쉽게 이용할 수 있고 유지비가 적게 듭니다. 또 다른 에너지원에 비해 공해를 일으키는 부산물을 배출시키지 않아 친환경적이고 앞으로도 쭉 에너지를 공급 받을 수 있습니다.

광도전체

광도전체란 빛이 없는 곳에서는 절연체에 가깝고 빛을 비추면 전기 저항이 줄어들어 전기 전도성이 증가하는 비금속 고체를 말합니다. 대표적인 광도전체로는 황화카드뮴(CdS)이 있습니다. 광도전체는 자동문 센서와 같이 자동화 기기의 센서로 사용되며, 복사기나 레이저 프린터의 핵심부품으로 사용됩니다. 특히 복사기의 중요한 부품 중 하나인 OPC 드럼(Organic Photo-Conductor Drum)은 원통형 광도전체로 광전 효과를 이용해 만든 것입니다. 이외에도 야광 투시경, 디지털 카메라 등에 광도전체가 들어 있습니다.

광도전 셀

광도전 셀(Photo Conductive Cell, CdS cell)이란 빛을 받으면 전기 저항이 변화하는 반도체 소자로 인터넷 등에서 쉽게 구할 수 있습니다. 광도전 셀과 전지, 전류계(밀리암미터)로 불의 밝기를 측정하는 광도계나 물의 탁도를 측정하는 탁도계를 만들 수 있습니다. 전류계 대신 멀티테스터를 사용할 수도 있습니다. 이때는 저항을 측정할 수 있도록 멀티테스터의 다이얼을 돌리면 됩니다.

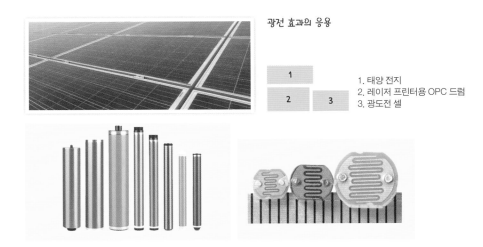

광전 효과의 응용

| 1 |
| 2 | 3 |

1. 태양 전지
2. 레이저 프린터용 OPC 드럼
3. 광도전 셀

광도계

광도계는 전지와 광도전 셀(카드뮴 셀), 전류계를 직렬로 연결하면 쉽게 만들 수 있습니다. 멀티테스터를 사용하는 경우 테스터의 다이얼을 저항 측정 쪽으로 돌린 다음 광도전 셀을 연결하면 됩니다.

탁도계는 광도전 셀과 전류계 외에도 LED(발광 다이오드)와 유리관 또는 시험관이 필요합니다. 먼저 유리관 하나에 LED를 넣고 다른 유리관에는 광도전 셀을 넣습니다. 두 유리관을 2~3센티미터 정도 떨어지게 고정하고 LED 쪽에는 전지를, 광도전 셀 쪽에는 전류계나 멀티테스터를 연결하면 완성입니다.

이외에도 광도전 셀과 계전기(릴레이, Relay) 또는 SCR(실리콘 제어 정류소자, Silicon Controlled Rectifire)을 이용하면 빛에 의해 작동하는 스위치나 경보기 등을 만들 수 있습니다. 간단하게 만들어 집의 창틀이나 문 등에 설치하면 도둑 방지용 경보기로 사용할 수 있겠지요?

복사기와 레이저 프린터의 원리

복사기와 레이저 프린터도 광전 효과를 이용한 것입니다. 현재 우리가 사용하는 복사기는 1938년에 미국의 체스터 칼슨이 발명한 것을 1950년 대 말, 제록스(Xerox)사가 완성한 것입니다. 칼슨은 광도전체의 성질을 이용하여 최초의 복사기를 만들었습니다.

광도전체는 물질에 빛을 비추면 그 세기에 따라 표면의 저항이 줄어듭니다. 바꿔 말하면 어두운 곳에서는 전기 저항이 커지지요. 광도전체를 털로 문지르거나 높은 전압을 걸어 표면을 대전시키면 정전기를 띠게 됩니다.

만약 광도전체가 계속 어두운 상태라면 전기 저항이 크기 때문에 전하들이 새어 나가지 못하고 그대로 오랫동안 남아 있습니다. 하지만 빛을 비추면 저항이 줄어들어 전하들은 접지된 곳으로 흘러 나가버리지요. 이러한 복사 방법은 복사기를 완성시킨 제록스사의 이름을 따 제로그래피 (Xerography)라고 합니다.

제로그래피의 원리

현재 우리가 사용하는 복사기에는 감광체 역할을 하는 원통형의 광전 도체가 들어 있습니다. 기본 원리는 비슷하므로 칼슨과 제록스사의 복사 기에 들어 있는 평판 감광체를 예로 들어 제로그래피(Xerography)에 대해 설명할까 합니다.

광도전체의 표면을 빛이 없는 어두운 상태에서 균일하게 대전시킵니다. 이때 털과 같은 물체로 가볍게 문지르거나 높은 전압을 걸어 대전을 시키지요. 아래 그림 중 ❶번이 대전 과정을 나타낸 것입니다. 현재의 복사기는 코로나 방전(높은 전압을 가했을 때 전기장의 강한 부분만 발광하여 전도성을 갖는 현상)을 이용합니다.

대전된 광도전체 위에 복사하려는 문서를 두고 렌즈를 통해 빛을 비춥니다. 이때 글자는 검은색이라 빛이 흡수되고, 나머지 부분은 흰색이라 빛이 반사됩니다. 그러므로 글자가 있는 부분의 도전체 위에는 빛이 도달하지 않아 어두운 상태이고, 종이가 있는 부분은 빛을 받은 상태가 되지요. 따라서 빛을 받은 도전체는 전기 저항이 감소하여 전하들이 접지

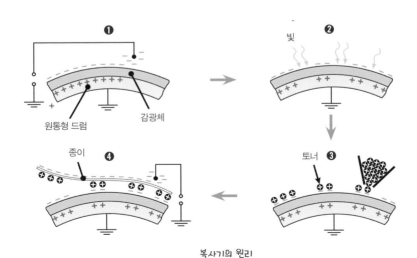

복사기의 원리

84

된 쪽으로 흘러나가 버리고, 반대로 빛이 닿지 않은 글자 부분의 도전체
는 저항이 커서 전하들이 그대로 남아 있습니다. 이 과정이 끝나면 광도
전체 위에는 글자와 똑같은 형태의 전하들만 남고 나머지 전하들은 모두
빠져나갑니다. 이렇게 만들어진 상을 잠상(Latent image)이라고 합니다.
이 상은 전하로 되어 있어 우리 눈에 보이지 않지요.

3. 현상 과정

눈에 보이지 않는 전하들로 이루어진 광도전체 위에 토너를 고루 뿌립
니다. 토너는 카본블랙과 레진(송진과 같이 열에 녹아 붙는 접착성 물질)을 섞어
만든 가루를 말합니다. 이 가루들은 전하가 남아 있는 곳에만 달라붙고 잠
상은 눈에 보이는 검은 상으로 바뀝니다.

4. 전사 과정

이렇게 평면의 도전체 위에 생긴 영상을 종이에 옮기는 과정을 전사 과
정이라고 합니다. 검은색 상이 생긴 도전체 위에 종이를 놓고 다시 대전
을 시키면 토너 가루들이 종이 표면에 달라붙습니다.

5. 고착 과정

종이에 복사된 상은 가루들이 종이에 붙기만 한 것이라 손으로 문지르
면 지워집니다. 그래서 적외선 램프나 열을 가한 롤러로 종이를 밀어 토
너에 들어 있는 레진을 녹여 종이에 달라붙게 합니다. 이러한 고착 과정
을 거치면 종이 위 글자가 지워지지 않습니다.

마지막으로 도전체에 남은 토너를 닦아 내고 대전 과정부터 다시 반복합니다.

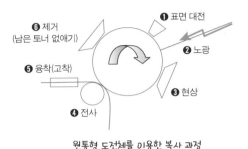

원통형 도전체를 이용한 복사 과정

현대식 복사기에서는 이 과정을 쉽게 반복하기 위해 평면의 도전체 대신 원통으로 된 도전체를 사용합니다. 앞서 보았던 OPC 드럼이 바로 그것입니다. 위의 그림은 원통형 도전체에서 복사가 어떻게 진행되는지 보여 줍니다.

다음 쪽의 그림 중 왼쪽은 토너를 드럼에 뿌리는 과정을, 오른쪽은 레이저 프린터의 원리를 나타낸 것입니다. 레이저 프린터도 같은 제로그래피의 원리를 이용하지만, 복사하려는 상을 드럼 위에 비출 때 렌즈 대신 거울을 사용합니다.

칼슨의 새로운 복사 방법은 서류 복사의 혁명을 불러왔습니다. 이전에는 복사를 하기 위해 사진 기술을 이용했습니다. 하지만 은 화합물을 사용해 비용이 많이 들었고 하나씩 현상 용액에 담가야 하는 번거로움이 있었습니다. 칼슨은 액체를 전혀 사용하지 않는 방식으로 손쉽게 복사할

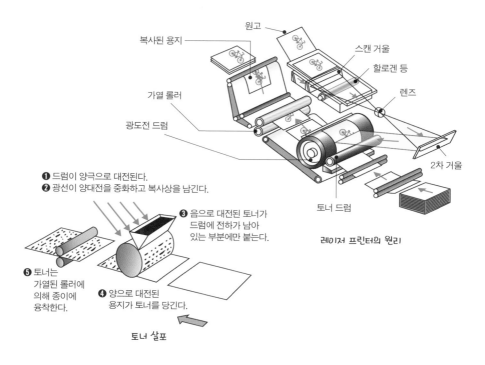

원고

복사된 용지

스캔 거울

할로겐 등

가열 롤러

렌즈

광도전 드럼

2차 거울

❶ 드럼이 양극으로 대전된다.
❷ 광선이 양대전을 중화하고 복사상을 남긴다.

❸ 음으로 대전된 토너가
드럼에 전하가 남아
있는 부분에만 붙는다.

토너 드럼

레이저 프린터의 원리

❺ 토너는
가열된 롤러에
의해 종이에
융착한다.

❹ 양으로 대전된
용지가 토너를 당긴다.

토너 살포

수 있는 방법을 발견한 것이지요. 여러 가지 어려움이 많았지만 끝까지
개발을 포기하지 않은 칼슨과 그를 믿어 준 회사 덕분에 제록스사는 작은
회사에서 전 세계적으로 유명한 회사가 되었고 새로운 복사 관련 산업까
지 일으켰습니다.

전자공학 분야의 발전 과정을 살펴보면 대부분의 새로운 현상들은 얼
마 후 더 발전된 형태로 발견되거나 교체되곤 했습니다. 하지만 칼슨의 방
법을 대체할 만한 더 나은 복사 기술은 거의 80년이 지난 오늘까지도 발견
되지 않았습니다. 칼슨의 발명이 얼마나 획기적이고 뛰어난 것인가를 알
수 있는 대목이지요. 만약 그가 지금까지 살아 있었다면(1968년 사망) 집적
회로를 발명한 잭 킬비처럼 노벨상을 받을 수 있었을지도 모릅니다.

뉴트리노 검출기, 슈퍼 가미오칸데

광전관을 이용한 장치 중 중성미자(뉴트리노)를 검출하는 슈퍼 가미오칸데(Super Kamiokande)라는 장치가 있습니다. 일본 최대의 중성미자 감지 장치로 일본 기후현 히다시 가미오카 광산 지하 1,000미터 아래에 있습니다. 이렇게 깊은 광산 속에 설치한 이유는 태양이나 먼 우주에서 오는 다른 우주선들의 영향을 받지 않기 위해서입니다.

슈퍼 가미오칸데는 스테인리스 스틸로 만들어진 직경 41.4미터, 높이 39.3미터의 거대한 통에 극히 순수한 물 5만 톤을 담고 있습니다. 그 위에는 11,146개의 광전 증폭관이 설치되어 있어 물질과 거의 반응을 하지

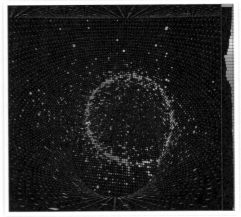

슈퍼 가미오칸데
왼쪽 사진에서 위쪽으로 보이는 것이 모두 광전관들이다.
오른쪽 사진은 중성미자(뉴트리노)가 검출될 때 발생하는
체렌코프 광이다.

않는 중성미자, 곧 뉴트리노를 감지하도록 합니다.

중성미자 중 하나가 물의 원자와 반응하면 물속에서 푸른색 빛이 도는데 이를 체렌코프 광(Cherenkov radiation)이라고 합니다. 이 광을 감지하는 것이 증폭관의 역할이지요. 중성미자는 태양이나 아주 멀리 있는 초신성이 폭발할 때 발생하지만 물질과 거의 반응하지 않으므로 태양의 중심에서 표면으로 다 빠져나올 때까지도 거의 흡수되지 않습니다. 하지만 극히 드물게 중성미자 중 일부가 물과 반응을 합니다.

중성미자는 광속으로 달리기 때문에 초신성 폭발을 관찰함과 동시에 지구에 도달합니다. 바로 이때 가미오칸데에도 평소보다 많은 빛이 발생합니다. 따라서 이 빛을 보고 먼 우주에서 초신성 폭발이 일어났음을 알 수 있습니다. 실례로 1987년, 슈퍼노바 1987A가 관측되었을 때 가미오칸데에도 많은 중성미자가 검출되었지요. 도쿄 대학교의 고시바 마사토시는 가미오칸데를 이용한 연구로 2002년에 노벨 물리학상을 수상했습니다.

7장

방사선과
안개상자의 발명

찰스 톰슨 리스 윌슨

안개상자 발명의 배경

우주선이나 알파선, 베타선 등과 같은 방사선은 눈으로 볼 수 없습니다. 하지만 간단한 장치를 이용하면 방사선이 이동하는 경로를 직접 볼 수 있는데 그 장치가 바로 안개상자입니다. 안개상자는 영국의 물리학자 찰스 톰슨 리스 윌슨(Charles Thomson Rees Wilson)이 발명했습니다. 이 장치로 인류는 방사선을 최초로 눈으로 볼 수 있게 된 셈입니다. 이온화된 방사선 입자들을 검출하는 데 사용하는 안개상자는 물이나 알코올 증기가 들어 있는 밀봉된 상자입니다. 상자 속 혼합물과 입자들이 반응해 이온화되고, 응결핵이 되어 안개를 만듭니다.

스코틀랜드에서 가장 높은 벤네비스산에서 기상 현상을 연구하던 윌슨은 1895년 초, 케임브리지 대학교로 돌아와서 그가 관찰한 현상들에 대한 실험을 계속했습니다. 윌슨은 몇 달 동안 실험을 하면서 공기 중에 있는 먼지나 이온(전기를 띤 입자)들이 구름을 형성하는 작은 물방울 역할, 곧 응결핵으로 작용한다고 가정했습니다.

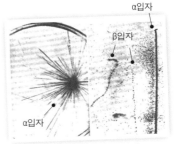

라듐에서 나온 알파입자들(왼쪽)과
베타입자, 알파입자의 궤적

그는 이 가정을 증명하기 위해 수많은 시행착오를 겪던 중, 독일의 뢴트겐이 발견한 X선으로 실험을 했습니다. 그는 X선이 초기 형태의 안개상자를 지나면서 안개처럼 흐려지는 것을 발견했습니다. X선이나 하전된 입자가 지나간 자리는 전기 전도도가 높아져 사진 필름에도 같은 흔적을 남긴다는 사실이 톰슨과 러더퍼드에 의해서도 밝혀졌지요.

월슨은 케임브리지 대학교의 제임스 맥스웰 장학생으로 선발되면서 대기 중 정전기에 대한 연구에 더욱 매진할 수 있었습니다. 그 결과 1911년에 처음으로 안개상자 안에 생긴 알파입자와 베타입자의 궤적을 볼 수 있었고 이를 사진으로 찍었습니다. 이로써 그는 방사선이 지나간 자리를 본 최초의 사람이 되었습니다.

오른쪽 위 사진은 월슨이 관찰한 입자들의 경로입니다. 알파입자처럼 큰 입자가 지나간 자리는 굵고 곧게 나타나는데 베타입자(전자)는 가늘고 이리저리 굽은 선으로 나타납니다. 베타입자는 안개상자를 통과할 때 다른 입자들과 충돌하여 경로가 자주 바뀌기 때문이지요. 알파입자는 베타입자(전자)에 비해 약 7,000배가량 더 무거워 입자와 충돌해도 경로가 쉽게 바뀌지 않습니다.

월슨이 공개한 사진에 나타난 알파입자의 경로는 그보다 몇 년 전에 발표한 윌리엄 브래그의 논문에 실린 것과 같아서 많은 사람들의 이목을 끌었습니다. 1923년에 지금의 펄스형 안개상자로 알려진 장치를 완성한 윌슨은 이를 이용해 빛과 전자가 충돌해 산란되어 나오는(콤프턴 산란) 전자의 경로를 확인해 콤프턴 효과를 증명했습니다. 다시 말하면 콤프턴 실험에서 입자 검출기로 안개상자를 사용하면 빛(광자)과 전자가 충돌했을 때 전자가 지나가는 경로를 볼 수 있습니다. 따라서 빛(광자)과 전자도 입자 간의 충돌처럼 부딪힌다는 것을 알 수 있는 것이지요.

실험 결과를 인정받아 윌슨과 콤프턴은 1927년, 노벨 물리학상을 공동 수상했습니다. 그 후 미국의 칼 앤더슨은 안개상자를 이용해 우주선(Cosmic ray)에서 양전자를 발견한 공로로 1935년에 노벨 물리학상을 수상했고, 영국의 제임스 채드윅은 1932년에 중성자를 발견해 1936년에 노벨 물리학상을 수상했습니다.

안개상자의 발명 이후 많은 과학자들이 뛰어난 발견을 했습니다. 패트릭 블래킷과 주세페 오키알리니는 전자와 양전자의 쌍생성(Pair creation)과 쌍소멸(Pair annihilation)을 발견했고, 존 콕크로프트와 어니스트 월턴은 그들이 발명한 입자 가속기와 안개상자를 이용해 원자핵의 변환 과정을 연구하고 증명하여 노벨상을 수상했습니다. 블래킷과 오키알리니도 앤더슨과 거의 비슷한 시기에 양전자를 발견했지만 좀 더 상세한 연구를 하느라 앤더슨보다 약간 늦게 발표를 해 노벨상을 놓쳤다고 합니다.

앤더슨이 최초로 양전자를 발견한 안개상자 사진

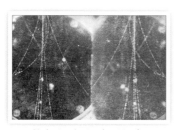

양전자와 전자의 경로(앤더슨)

원자의 아버지로 불리는 러더퍼드는 이 안개상자를 "과학의 역사상 가장 근본적이고 위대한 도구(The most original and wonderful instrument in scientific history)"라고 했습니다. 안개상자가 물리학 특히 핵물리학 발전에 얼마나 큰 공을 세웠는지 알 수 있겠지요?

안개상자의 개량

월슨의 안개상자는 미국의 알렉산더 랜스도르프에 의해 확산형 안개상자로 개량되었습니다. 확산형 안개상자는 드라이아이스로 상자 안을 냉각시킨 다음 과포화를 일으켜 연속적으로 입자의 궤적을 관찰하는 장치입니다. 1952년에는 미시간 대학교의 도널드 글레이저가 거품상자(Bubble chamber)를 발명했습니다. 글레이저는 이 발명으로 1960년에 노벨 물리학상을 수상했습니다.

윌슨의 안개상자

앤더슨이 양전자를 발견하는 데 사용한 안개상자

거품상자

거품상자(Bubble Chamber)는 방사선이나 소립자 등 하전된 입자가 통과한 경로를 검출하는 장치입니다. 안개상자와 같은 원리이나 안개상자가 공기처럼 밀도가 낮은 기체를 사용하는 반면, 거품상자는 액체 수소처럼 밀도가 높은 액체를 사용합니다. 안개상자로는 검출할 수 없는 높은 에너지의 입자들도 검출할 수 있기 때문에 특히 1960년대 이후, 고에너지 입자 연구에 많이 사용되었습니다. 거품상자는 과열된 액체가 거품을 발생시키는 현상을 이용한 것으로 글레이저가 맥주를 마시다가 거품상자에 대한 영감을 얻었다는 이야기는 널리 알려져 있습니다.

거품상자는 대부분 액체 수소나 액체 헬륨을 사용합니다. 유명한 거품상자 중 하나인 유럽입자물리연구소(CERN, 원래 명칭은 유럽원자핵공동연구소)의 가가멜(Gargamelle)은 직경이 2미터나 되며 중성미자 연구에 사용되었

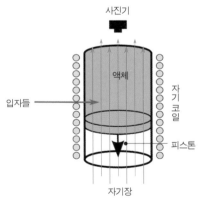

거품상자의 구조

유럽입자물리연구소에 전시된 거품상자, 가가멜

습니다. 1966년에 만들어진 프랑스와 독일의 합작품 BEBC(Big European Bubble Chamber)는 무려 3.5톤의 초전도체로 만들어진 자석을 사용하고 액체 수소나 액체 헬륨보다 더 무거운 프레온이 10톤이나 사용되었다고 합니다. 또 직경 2미터, 길이 4미터로 엄청난 위용을 자랑하지요. 이후에 거품상자는 더 간단한 와이어 챔버(Wire chamber)나 스파크 챔버(Spark chamber) 등으로 개량되었으며, 특히 와이어 챔버는 컴퓨터와 연결할 수 있기 때문에 편리하게 사용할 수 있습니다. 1968년에 다선식 스파크 챔버를 발명한 조르주 샤르파크도 1992년, 노벨 물리학상을 수상했습니다.

이처럼 입자 검출 장치를 발명한 세 명의 과학자가 모두 노벨 물리학상을 수상했고, 이를 이용해 연구를 한 사람들 중에서도 채드윅, 앤더슨 등 많은 사람들이 노벨상을 수상했습니다. 노벨상은 어려운 이론이나 복잡한 수식을 써야만 하고, 유명한 교수들이 수상하는 것이 아닌 것을 알 수 있습니다. 새로운 현상에 호기심과 인내심을 가지고 관찰하고 실험한 사람들이 노벨상의 영광을 가진 것이지요. 우리도 충분히 할 수 있습니다.

안개상자 만들기

안개상자는 기본적으로 상자 내부와 외부가 차단된 형태입니다. 그러므로 투명하고 넓은 상자라면 어떤 것이든 상관 없습니다. 유럽입자물리연구소에서는 첫 안개상자를 만들 때 가로 40센티미터, 세로 20센티미터, 높이 20센티미터의 작은 어항을 사용했다고 합니다.

안개상자에는 두 종류가 있습니다. 하나는 윌슨이 발명한 것으로 단열 팽창을 이용한 팽창형 안개상자이고, 다른 하나는 랭스도르프가 개량한 확산형 안개상자입니다. 이때 확산형은 연속적으로 입자들의 움직임을 관찰할 수 있으나 상자를 냉각시키기 위해 드라이아이스를 필요로 합니다. 드라이아이스는 보통 아이스크림 전문점에서 아이스크림을 포장할 때 볼 수 있는데 대체로 식료품 따위를 냉각하는 데 많이 사용하지요.

이제 두 종류의 안개상자를 만드는 법을 설명하려 합니다. 안개상자는 윌슨에게 노벨상을, 랭스도르프의 이름을 과학사에 영원히 남도록 만든 장치입니다. 아마 여러분은 노벨상을 탈 수 있도록 해 준 장치를 만드는 방법이 생각보다 어렵지 않아서 놀랄지도 모릅니다.

1. 팽창형 안개상자 만들기

먼저 윌슨이 발명한 기본적인 형태의 안개상자를 만들어 봅시다. 실제로 구조가 간단해서 어렵지 않게 만들 수 있습니다. 아래 순서대로 천천히 만들어 보세요.

안개상자는 과포화 상태이므로 증기 방울을 제거해야 입자들의 경로를 볼 수 있습니다. 이를 위해 병 안에 원형 금속판과 적당한 두께의 구리줄로 만든 전극을 넣어야 하지요. 이 전극은 병의 입구보다 살짝 작게 만들어 집어넣고 적당한 전압(98쪽 그림에서 150볼트)을 걸어 안개상자 속 여분의 증기를 제거합니다. 다만 윌슨이 초기에 안개상자를 만들 때에는 전극을 사용하지 않았습니다.

	2
1	
	3

1. 빈 병으로 만든 안개상자
2. 알파입자의 경로
3. 팽창형 안개상자의 내부

준비물

1. 금속 뚜껑이 있는 적당한 크기의 유리병

2. 원형 금속판: 음료수 캔을 잘라 만들면 됩니다.

3. 원형 전극을 만들 구리줄 또는 철사

4. 50cc 정도의 일회용 주사기

5. 약 30~50센티미터 길이의 고무관

6. 두꺼운 검은색 천(펠트지)

7. 손전등

8. 150볼트의 직류전원

9. 아이소프로필알코올(순도 95% 이상)

10. 알파입자: 못 쓰는 연기 감지기 활용(연기 감지기에는 알파입자의 원천인

아메리슘-241이 들어 있음)

만들기

만드는 법은 간단합니다. 다만 전극이 되는 금속판과 구리 전극 사이가 전기적으로 절연 상태가 되어야 합니다. 그러므로 97쪽의 사진처럼 구리 전극 한쪽에 플라스틱과 같은 절연체를 붙이면 됩니다. 절연을 시키는 이유는 금속판과 구리 전극에서 나오는 두 선에 직류 전압을 걸기 위해서 입니다.

병의 뚜껑에 두꺼운 종이판이나 플라스틱 등을 붙입니다. 붙이기 전에 전선이 나올 구멍과 주사기와 연결할 고무관을 넣을 구멍을 미리 뚫어야 합니다. 구멍을 뚫은 다음, 고무관을 넣고 고정시킵니다. 이때 공기가 들어갈 틈이 없도록 꼼꼼하게 밀봉하세요. 주사기를 고무관에 연결하고 주사기를 완전히 밀어 넣어 부피가 0인 상태로 만듭니다.

알파입자의 원천(연기 감지기 속의 아메리슘)을 왼쪽 아래 그림처럼 두 전극 사이의 가운데 부분에 붙입니다. 다만 알파입자는 공기 중에서 5센티미터 정도 투과할 수 있기 때문에 손으로 직접 만지지 말고 집게나 핀셋을 이용해야 안전합니다.

이제 원형 금속판 위에 두꺼운 검은 천을 올려놓으세요. 아이소프로필알코올을 피펫이나 주사기로 천이 완전히 젖도록 충분히 뿌립니다. 이제 뚜껑을 닫으면 모든 준비가 되었습니다.

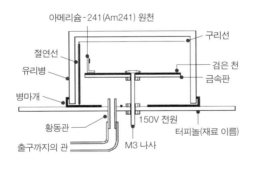

아메리슘-241(Am241) 원천
구리선
절연선
유리병
검은 천
금속판
병마개
황동관
150V 전원
출구까지의 관
M3 나사
터피놀(재료 이름)

팽창형 안개상자의 단면도

잠시 기다리면 알코올이 천천히 증발합니다. 이제 금속판과 전극에서 나온 두 선을 직류 전원에 연결하고 스위치를 켜 전압을 걸어 줍니다. 만일 150볼트 정도의 전원을 구하기 어렵다면 노트북의 충전기를 이용하세요. 일정 시간 동안 연결해 두면 서서히 안개가 걷히는 것을 볼 수 있습니다.

안개상자의 내부가 깨끗해지면 주사기의 피스톤을 빠르게 뒤로 당깁니다. 점차 상자 내부의 압력이 떨어져 알코올 증기가 과포화되고 아메리슘-241로부터 나온 알파입자의 경로를 관찰할 수 있습니다. 이 경로는 내부 압력이 줄어든 약 10~20초간 볼 수 있습니다.

입자의 경로는 주사기를 밀어 넣은 후, 30초가량 기다렸다가 피스톤을 잡아당겨 팽창시키면 다시 관찰할 수 있습니다. 만약 운이 좋다면 우연히 지나가는 우주선(Cosmic ray) 입자의 경로도 볼 수 있을 것입니다. 우주선 입자의 경로는 우주에서 오기 때문에 알파입자의 경로와 다른 모습을 하고 있습니다. 주로 곧은 직선 모양이어서 바로 알 수 있지요.

만약 아메리슘-241과 같은 알파입자 원천이 없다면 주사기를 잡아당기는 동안 우주선이 지나가길 기다려야 합니다. 하지만 다음에 만들 확산형 안개상자에서는 언제나 안개가 형성되기 때문에 잠시만 기다리면 우주선의 경로를 볼 수 있지요. 일반적으로 평균 1-2초에 한 번씩 우주선이 지나가는 것을 볼 수 있습니다. 따라서 방사능 원천이 없어도 자세히 관찰하면 우주선의 경로를 관찰할 수 있으니 인내심을 가지고 실험해 보길 바랍니다.

확산형 안개상자는 앞서 소개한 것과 달리 입자의 경로를 계속 볼 수 있다는 장점이 있습니다. 다만 확산형의 경우 냉각을 위해 드라이아이스가 필요하지요. 소량의 드라이아이스를 구하는 것이 다소 어려울 수는 있으나 팽창형 안개상자에 사용하는 전극, 직류 전원, 주사기가 필요 없다는 점은 큰 이점입니다. 구조는 비슷하지만 준비물이 줄어드니 그만큼 간단해지지요.

크고 투명한 유리병이나 플라스틱으로 된 용기, 아래 적힌 물품들을 준비하세요. 물론 작은 병도 괜찮습니다. 유럽입자물리연구소(CERN)에서는 작은 어항을 이용했음을 기억하세요.

준비물

1. 투명한 유리나 플라스틱으로 만든 용기: 가능하면 입자들의 경로를 넓은 범위에서 관찰하기 위해 사각형 플라스틱 상자가 좋습니다.

2. 검은 천이나 종이: 검은 비닐봉투도 괜찮지만 빛이 반사되지 않는 것으로 준비하세요.

3. 물이나 알코올을 흡수할 수 있는 두꺼운 천

4. 아이소프로필알코올(순도 95% 이상)

5. 알파입자 원천

6. 드라이아이스와 드라이아이스를 담을 통

7. 용기 밑면적보다 약간 큰 금속판

8. 접착테이프

9. 강력한 손전등이나 스탠드

만들기

1. 금속판을 검은색 페인트로 칠
   하거나 검은 비닐로 덮습니다.
2. 투명한 용기 바닥면에 물에 녹
   지 않는 접착제로 알코올을 흡
   수할 천을 붙입니다.
3. 금속판을 드라이아이스가 담
   긴 통 위에 놓습니다. 이때 페

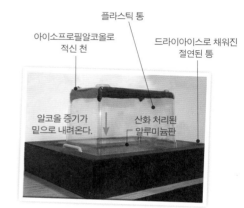

완성된 확산형 안개상자

인트를 칠하지 않은(비닐로 덮지 않은) 쪽을 드라이아이스와 닿게 하고
페인트를 칠하거나 비닐로 덮은 부분이 위로 오도록 합니다.

4. 플라스틱 용기 안쪽에 붙인 천에 아이소프로필알코올을 듬뿍 뿌립
   니다.
5. 플라스틱 용기를 알코올이 묻은 천이 위로 가도록 뒤집어서 금속판
   위에 놓습니다.
6. 테이프로 금속판과 용기 사이를 꼼꼼하게 막아 공기가 통하지 않도
   록 합니다.

이제 완성되었습니다. 드라이아이스는 맨손으로 만지면 화상을 입을
수 있기 때문에 주의해야 합니다. 두꺼운 장갑을 끼거나 집게를 사용하
세요.

관찰

잠시 후면 천에서 알코올 증기들이 밑으로 내려오는 것을 볼 수 있습니다. 하지만 이 증기는 금속판 바로 위에서 과냉각 상태가 되어 눈에 보이지 않는 과포화 증기가 됩니다. 이때 전하를 띤 방사선이 상자를 통과하면 하얀 선이 나타납니다. 마치 제트기가 하늘을 날 때 꽁무니에 흰 선이 길게 나타나는 것과 비슷합니다.

만약 상자 안에 방사성 물질을 넣었다면 알파입자의 경로를 볼 수 있습니다. 하지만 방사성 물질이 없다면 조금 시간을 들여 관찰해야 하지요. 자세히 보고 있으면 가끔씩 하얀 선이 나타났다가 사라지는 것을 볼 수 있습니다. 바로 우주선이 지나간 자리입니다.

안개상자에 나타난 알파입자의 경로

블래킷의 핵반응 사진(1925년)

왼쪽 사진은 안개상자를 통과한 알파입자의 경로를 나타낸 것입니다. 왼쪽 아래 사진에서는 입자의 경로가 두 갈래로 갈라진 것을 볼 수 있지요? 이는 알파입자가 질소 원자와 충돌했기 때문입니다. 블래킷은 안개상자로 우주선과 공기 입자의 핵반응을 연구했는데, 왼쪽과 같은 사진으로 1948년에 노벨 물리학상을 수상했습니다.

찰스 톰슨 리스 윌슨

찰스 톰슨 리스 윌슨은 1869년 2월 14일, 스코틀랜드 에든 버러 근처의 글렌코에서 농부의 아들로 태어났습니다. 4세가 되던 해 아버지를 여읜 윌슨은 어머니와 맨체스터로 이사했고 쭉 그곳에서 학업을 이어 갔습니다. 오웬스 대학(현 맨체스터 대학교)에 입학한 그는 의사가 되기 위해 생물학을 전공했습니다.

1888년, 케임브리지 대학교에 입학한 윌슨은 의학 대신 물리학을 선택했는데 당시 유명한 물리학자였던 밸푸어 스튜어트 교수의 영향이 컸다고 합니다. 1894년 9월, 벤네비스산의 기상 관측소에서 일하던 윌슨은 여러 안개와 구름, 태양에 의한 광학 현상(브로켄 스펙터)에 관심을 가지게 됩니다.

태양의 Glory(영광) 혹은 Specter(유령)라고 불리는 현상

이듬해인 1895년 초, 케임브리지 대학 실험실인 캐번디시 연구소로 돌아오자마자 같은 현상을 실험실에서 재현하는 실험을 했습니다. 그는 팽창 장치를 만들어 연구를 계속했고 방사선 등을 이용한 응축핵 연구에 열중했습니다.

1900년에 윌슨은 케임브리지 대학교의 실험 강사가 되었고 1918년까지 캐번디시 연구소에서 물리학과 광학에 대한 강의를 했습니다. 1900~1901년 사이에는 캐번디시 연구소에서 연구를 함과 동시에 스코틀랜드에서 대기 중의 정전기에 대한 연구도 진행했습니다.

1913년에는 태양물리관측소의 지구 물리학 교수가 되었는데, 이때 이온 입자들의 궤적과 천둥번개 현상을 연구했습니다. 그는 지구 물리학 주임 교수를 거쳐 1925년에는 케임브리지 대학교의 자연철학 교수가 되었습니다.

그는 1900년에 이미 영국 왕립학회의 회원이 되었고, 협회로부터 휴스 메달(1911년), 로열 메달(1922년), 코플리 메달(1935년)을 받았습니다. 또 1927년에는 노벨 물리학상을 받았습니다. 이외에도 케임브리지 철학협회는 홉킨스 상(1920년)을, 에든버러 왕립협회는 건닝 상(1921년)을, 미국의 프랭클린 연구소는 하워드 포츠 메달(1925년)을 수여했습니다.

그는 은퇴한 후 에든버러로 돌아갔고 1959년 11월 15일, 90세의 나이로 세상을 떠났습니다.

8장

전자기파의
발견과 응용

하인리히 헤르츠

굴리엘모 마르코니

전자기파를 발견한 하인리히 헤르츠

하인리히 헤르츠(Heinrich Hertz)는 1857년 2월 22일, 독일 함부르크에서 태어났습니다. 아버지는 유명한 변호사이자 국회의원이었습니다. 헤르츠는 어릴 때부터 가족 소유의 작업실에서 장난감 만드는 것을 좋아했다고 합니다.

하인리히 헤르츠

처음에는 뮌헨 대학교에 입학했으나 곧 베를린 대학교로 옮겼고 수석으로 졸업하였으며 박사 학위까지 취득했습니다. 당시 베를린 대학교에는 유명한 교수들이 많았는데, 헤르츠는 헤르만 폰 게리케와 헤르만 폰 헬름홀츠 밑에서 공부를 했습니다.

대학 졸업 후인 1883년, 헤르츠는 킬 대학교의 이론 물리학 교수를 거쳐 2년 후에는 카를스루에 공과대학의 교수가 되었습니다. 이곳에서 헤르츠는 1864년, 영국의 제임스 맥스웰이 수학적으로 예언했던 전자기파를 증명하기 위해 많은 실험을 했습니다. 맥스웰의 이론에 따르면 전기적으로 진동하는 회로에서 분명 전자기파가 발생할 것이기 때문입니다.

1887년, 헤르츠는 맥스웰의 전자기파에 대한 가설을 시험하기 위해 아래와 같은 장치를 만들었습니다. 송신기는 전파 발생기 역할을 하는데, 당시 실험에 많이 사용하던 방전 코일(유도 코일)을 사용하고 양 끝에 전극 역할을 하는 금속구를 달았습니다. 이 금속구는 회로의 콘덴서 역할을 합니다. 검출기는 철사를 둥그렇게 구부려 고리 모양으로 만든 다음 양 끝에 작은 금속구를 달아 만들었습니다.

발신기 역할을 하는 코일에 전류를 흘리면 방전이 일어나는데, 헤르츠

1. 헤르츠가 만든 최초의 송신기와 수신기
2. 헤르츠의 실험 모습
3. 실제의 장치

❸ 전자파가 동조 회로에 전류를 발생시키고 스파크 갭(틈새)에 불꽃을 일으킨다.

❷ 스파크에 의해 전자파가 발생한다.

❶ 방전 코일(유도 코일)이 고전압을 발생시킨다.

는 이때 맥스웰이 말한 전자기파가 발생할 것으로 생각했습니다. 그리고 이 전자기파가 전달된다면 둥근 검출기에 달린 금속 사이에서도 방전이 일어날 것으로 예상했습니다. 그는 정말 방전이 일어나는지 어두운 방에서 관찰하기로 했습니다.

헤르츠는 불을 끈 어두운 방에서 실험을 이어 갔습니다. 검출기를 들고 방을 돌아다니던 그는 발신기에서 일어난 방전에 의해 검출기에서도 방전이 일어나는 것을 발견했습니다. 곧 송신기에서 나온 전자기파가 수신기에 유도되어 전류를 만들어 방전 현상이 나타난 것이지요.

또한 그는 방전 코일에서 발생한 전자기파가 금속 표면에서는 반사되고 부도체는 뚫고 지나가는 것도 발견했으며, 금속으로 만든 오목 반사경을 이용하면 전자기파의 초점을 맞출 수 있다는 사실도 알아냈습니다. 헤르츠는 이 반사각을 측정해 전자기파가 맥스웰이 예언한 대로 빛과 같은 성질이 있는 것을 확인했습니다. 이렇게 헤르츠는 끝없는 실험과 관찰을 통해 전자기파를 발견했습니다.

이뿐만이 아니었습니다. 헤르츠는 송신기 쪽 방전 코일에서 나오는 불빛이 수신기 쪽 금속구에 비치면 방전이 더 강해지는 것을 보았습니다. 처음엔 그 현상이 전자기파 때문이라고 생각해 유리판을 송신기와 수신기 사이에 넣었더니 오히려 방전 현상이 줄어들었습니다. 헤르츠는 생각을 바꿔 방전 시 발생하는 자외선을 원인으로 가정하고 자외선을 통과시키는 석영판을 넣었습니다. 그의 예상대로 수신기 쪽 금속구에서 발생한 방전이 유리판을 넣지 않았을 때처럼 강해졌습니다. 이 현상은 헤르츠 효과라 일컬어졌으나 후에 광전 효과로 불렸으며, 현상의 원인에 대해서는 훗날 아인슈타인이 해석했습니다.

헤르츠는 자신의 발견이 얼마나 중요한 것인지 인식하지 못하고 오히려 전자기파에 대해 다음과 같이 말했다고 합니다.

"이것은 아무 쓸모도 없다. 이 발견은 단지 맥스웰이 옳다는 것을 증명한 것뿐이다. 이 신비한 전자기파는 눈에 보이진 않지만 존재하고 있다."

헤르츠의 업적, 곧 전자기파의 발견과 광전 효과는 인류 문화에 큰 변화를 가져왔습니다. 하지만 안타깝게도 헤르츠는 자신이 이룬 위대한 발견이 인류에게 얼마나 유익한 것인가를 보지 못한 채 1894년, 37세의 젊은 나이로 세상을 떠났습니다.

무선 통신의 배경

헤르츠의 발견은 많은 과학자들로 하여금 전자기파에 관심을 가지고 연구하도록 이끌었습니다. 그중 한 사람인 굴리엘모 마르코니(Guglielmo Marconi)도 전자기파를 이용할 생각을 했습니다. 실은 헤르츠 이전에도 많은 사람들이 방전 코일과 장치들을 이용해 무선 통신을 꿈꾸었으나 아무도 성공하지 못했지요.

굴리엘모 마르코니

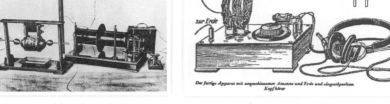

마르코니가 사용했던 송수신기(1897년)   초기의 마르코니 송수신기

　　마르코니는 헤르츠의 송신기와 아우구스토 리기와 같은 과학자들이 개량한 수신기(코히러, 검파기)를 이용해 전파를 모스 부호로 바꿔 멀리 보내려는 시도를 했습니다. 그는 좀 더 멀리 신호를 보낼 수 있도록 송신기와 수신기를 조금씩 개량했습니다. 어느 날 들판에 나가 실험을 하던 마르코니는 전파가 장애물을 넘어 멀리까지 전달되는 것을 발견했습니다. 또 방전 코일을 지상에서 높이 들어 올릴 때 신호는 더 멀리 전달되었지요. 마르코니는 코일 쪽 출력을 높인 안테나를 이용해 몇 킬로미터나 떨어진 곳에서도 신호가 수신되는 것을 확인하고 연구를 거듭해 무선 통신의 기초를 마련했습니다.

　　마르코니의 발명은 그가 완전히 새로운 현상을 발견한 것이 아니라 당시에 알려져 있던 현상들을 이용한 것입니다. 그의 발명은 통신에 많은 영향을 끼쳤고 이 업적을 인정받아 1909년에 노벨 물리학상을 수상했습니다. 이후 진공관이 발명되어 발진기가 탄생했고, 발진기는 방전 코일의 자리를 대신하여 정확하고 강력한 전파를 발생시켰습니다. 곧 헤르츠와 마르코니의 발견이 20세기 통신 혁명을 일으킨 것이지요. 덕분에 여러분도 스마트폰이나 인터넷 등 무선 통신의 혜택을 보고 있는 셈입니다.

마르코니와 무선 통신 실험

굴리엘모 마르코니는 1874년, 이탈리아 볼로냐에서 태어났습니다. 볼로냐와 피렌체에서 어린 시절을 보낸 그는 학교에 가는 것을 싫어해서 어머니로부터 교육을 받았다고 합니다. 어릴 때부터 과학, 특히 전기 현상에 많은 관심을 가졌고 아버지 별장에 있는 실험실에서 헤르츠나 아우구스토 리기, 올리버 로지의 장치로 실험을 했다고 합니다. 이때 수행한 실험에서 그는 전기 방전에 의한 신호를 거의 1.5마일(약 2.5킬로미터) 떨어진 곳에서 수신한 것을 확인했습니다.

이듬해인 1896년, 자신의 장비를 가지고 영국으로 건너간 마르코니는 공개 실험을 통해 3킬로미터 떨어진 곳에서도 무선 신호가 수신된다는 것을 증명했습니다. 그는 이 실험을 체신부의 사장에게 보였고 세계 최초로 무선 통신 시스템에 대한 특허를 획득했습니다.

런던에서 첫 시험에 성공한 마르코니는 1897년 7월, 세계 최초의 무선 전보와 신호 회사(The Wireless Telegraph & Signa Co.Ltd)를 설립했습니다.

마르코니가 장거리 무선 전송에 사용한 장치를 시연하는 모습

같은 해 이탈리아에서 12마일(19.3킬로미터)의 거리를 송신했고, 1898년에는 도버 해협을 건너 프랑스와 영국 사이의 교신에도 성공했습니다. 1900년에는 무선 전신 기구 개량을 위한 특허 7777호를 획득했지요.

마르코니의 실험은 멈추지 않았습니다. 1901년 12월, 역사적인 무선 송신이 이루어졌습니다. 영국 콘월에서 캐나다 뉴펀들랜드의 세인트존스까지 2,100마일(약 3,300킬로미터)이나 되는 거리에서 무선 송신을 한 것이지요. 그는 세인트존스에서 연에 안테나를 장착한 후 상공 150미터 위로 띄웠습니다. 그리고 잠시 후에 안테나에서 희미한 신호가 잡히는 것을 확인했습니다. 바로 영국에서 보낸 신호였습니다.

마르코니는 1902년에 미국 여객선 필라델피아호에 무전 통신 장비를 설치하고 자석식 검파기의 특허를 출원했습니다. 또 1907년에는 처음으로 대서양을 횡단하는 무선 통신 사업을 시작했습니다. 그 뒤로도 마르코니는 무선 통신의 영역을 넓히는 개척자로서 활약했지요. 그는 많은 대학으로부터 명예박사학위와 여러 상을 받았고, 러시아의 황제로부터 훈장도 받았습니다. 또한 1914년, 이탈리아 정부는 그를 상원의원에 임명했고 영국 왕실은 작위를 내리기도 했습니다.

광전 효과와 무선 통신

앞서 설명한 헤르츠 효과, 곧 광전 효과에 대해 많은 과학자들이 후속 연구를 이어 갔습니다. 헝가리계 독일 물리학자인 필리프 레나르트는 광

밴앨런대의 발견

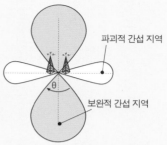

이온층

파괴적 간섭 지역

보완적 간섭 지역

지구 상공에 있는 이온층에 의한 반사

두 안테나에서 발사되는 전파의 방향

마르코니의 실험 전까지만 해도 지구가 둥글어서 안테나가 보이지 않는 먼 곳까지는 신호를 보내지도 받지도 못할 것이라고 생각했습니다. 하지만 마르코니에 의해 장거리 송신이 가능한 것이 증명되었고, 후에 미국의 제임스 밴 앨런은 1958년, 지구 상공 100킬로미터에서 10,000킬로미터 상공에 전파를 반사하는 전리층(밴앨런대)이 있다는 것을 발견했습니다. 마르코니는 전파가 지표면을 따라 이동할 수 있다고 믿었습니다. 그런데 전자기파가 대기층으로 사라지지 않고 대서양을 횡단할 수 있었던 것은 전리층 때문이었지요.

주파수가 비교적 낮은 전파인 중파(550~1600khz)나 단파 (27Mhz 이하)는 대부분 전리층에서 반사되어 안테나가 보이지 않는 지구의 먼 곳까지 전달되므로 대서양 송신 실험이 가능했던 것입니다.

이보다 주파수가 높은 극초단파(텔레비전이나 레이더 등에 사용하는 전파)는 전리층을 뚫고 외계로 퍼져 나갑니다. 그래서 텔레비전은 신호를 받는 안테나가 보이지 않는 먼 곳에서는 수신을 할 수 없지요.

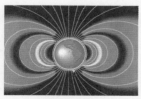

밴앨런대 예상도

왼쪽 그림은 밴앨런대의 분포 상태를 예상한 것입니다. 이러한 대기권의 이온층들은 전자파를 반사시킬 뿐만 아니라 지자기와 함께 태양이나 외계로부터 오는 고에너지 우주선과 같이 생물에게 피해를 주는 위험한 방사선들을 차단하는 역할을 합니다.

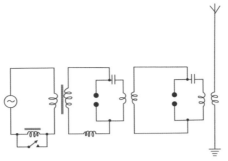

1900년도 초에 주로 사용되었던 방전 코일(송신기) 회로도

전 효과의 특성에 대해 구체적으로 연구했습니다. 광전 효과의 원인은 맥스웰의 이론이나 빛의 파동설로는 설명할 수 없었습니다. 6장에서 설명했듯이 이 효과의 원인은 스위스 특허청에서 일하던 무명 과학자 아인슈타인이 1900년에 발표된 플랑크의 양자 가설을 기초로 설명했습니다. 덕분에 레나르트는 1905년에, 아인슈타인은 1921년에 각각 노벨 물리학상을 수상했지요.

마르코니가 사용한 장비들

그 후 광전 효과는 방송의 영상 신호를 보내는 영상 튜브 등으로 발전했습니다. 이를 이용해 영상 신호를 무선으로 멀리 보낼 수 있게 되었고, 광도전 효과를 이용해 복사기나 레이저 프린터 등이 발명되었습니다. 현재는 태양 전지 등에 활용되어 공해 없는 친환경 에너지 공급의 길을 열어 주었지요. 보다 자세한 이야기는 6장을 읽어 보세요.

9장

알파입자 산란 실험과
원자 모형

한스 가이거

어니스트 마스덴

어니스트 러더퍼드

알파입자 산란 실험의 배경

알파입자의 산란 실험은 어니스트 러더퍼드의 지도 아래 한스 가이거 (Hans Geiger)와 어니스트 마스덴(Ernest Marsden)이 수행했습니다. 가이거의 주도로 이루어져 가이거-마스덴 실험이라고도 불리지요.

영국 맨체스터 대학교에서 공부를 하던 가이거와 마스덴은 1909년, 러더퍼드의 권유로 실험을 하게 됩니다. 당시 가이거는 박사 후 과정이었고 마스덴은 학부생이었습니다. 러더퍼드는 두 사람에게 방사성 원소에서 나오는 알파입자를 얇게 편 금박에 쐈을 때 입자의 궤적이 어떻게 변하는지 살펴보라고 지시했습니다. 실험 결과는 아주 놀라웠고 러더퍼드는 이 실험을 통해 원자에 핵(원자핵)이 있고 거의 모든 질량이 핵에 집중되어 있다는 것을 알아냈습니다. 알파입자 산란 실험은 원자핵을 발견한 역사적으로 매우 중요한 실험이지요.

알파입자 산란 실험의 과정

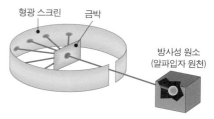

형광 스크린　금박

방사성 원소
(알파입자 원천)

알파입자 산란 실험 모식도

알파입자 산란 실험은 아주 간단합니다. 오른쪽 그림은 실험 과정을 나타낸 것입니다. 먼저 아주 얇은 금박에 방사선(알파입자)를 쏘고 금박에서 산란되어 나오는 알파입자를 검출합니다. 이때 입자의 궤적을 추적하기 위해 형광 물질인 황화아연을 칠한 판으로 금박을 둘러쌉니다. 금박에서 튕겨 나오는 알파입자가 이 형광판에 부딪히면 빛을 내기 때문에 입자의 도착 지점을 알 수 있지요.

이 실험을 할 당시에는 러더퍼드의 스승인 케임브리지 대학교의 J. J. 톰슨(조지프 존 톰슨)이 제안한 플럼 푸딩 원자 모형이 인정받고 있었습니다. 플럼 푸딩 원자 모형은 앞에서도 이야기했지만 수박의 붉은 과육을 양성자로, 검은 씨를 전자로 생각하면 쉽게 이해할 수 있습니다. 붉은 과육 부분이 원자의 대부분을 차지하는 양성자이고 전자는 씨처럼 군데군데 박혀 있다는 것이지요. 이때 원자는 양전하와 음전하의 양이 같기 때문에 전기적으로 중성입니다.

알파입자 산란 실험의 결과

황화아연판에 나타나는 흐릿한 빛을 보려면 어두운 곳에서 실험해야 합니다. 알파입자의 원천으로는 라듐을 사용했지요. 라듐에서 나온 고에너지의 알파입자는 얇은 금박에 부딪히고 금 원자와 충돌한 알파입자들은 충돌 각도에 따라 다른 방향으로 산란됩니다. 마치 당구공이 어떤 각도로 부딪히느냐에 따라 튕겨 나가는 방향이 다른 것과 같습니다.

실험을 하기 전에는 톰슨의 모형에 따라 알파입자들 대부분이 무거운 금 원자를 뚫고 나갈 것이라 예상했습니다. 대부분의 알파입자는 금박을 통과하거나 아주 작은 각도로 산란되었고, 극소수의 입자들만(8,000개 중 1개 정도) 아주 큰 각도로 산란되는 결과를 얻었습니다.

이 실험으로 원자의 대부분이 빈 공간으로 되어 있어 알파입자가 큰 방해를 받지 않고 통과하였으며 일부만이 원자 속에 있는 질량이 큰 부분에 의해 매우 큰 각을 이루며 튕겨 나오는 것을 알았습니다. 만약 톰슨의 원자 모형처럼 원자의 많은 부분을 양성자가 차지한다면, 알파입자가 산란 실험 결과처럼 튕겨 나올 수 없기 때문입니다.

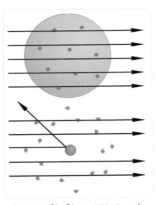

핵에 의해 알파입자가 산란되는 모습

1911년, 러더퍼드는 톰슨의 플럼 푸딩 원자 모형이 맞지 않다는 내용을 담은 실험 결과를 발표했습니다. 알파입자 산란 실험을 통해서 원자에는 부피의 일부만을 차지하는 무거운 원자핵이 있고, 그 주위에는 전자가 있으며, 그 외 나머지 공간은 대부분 비어 있을 것이라고 결론지은 것입니다. 다음에 나오는 글은 이런 결론을 내리게 된 이유를 러더퍼드가 직접 쓴 것입니다.

이 실험은 가이거 박사가 러더퍼드에게

와서 그의 학생인 마스덴에게 어떤 연구 과제를 주어야 할지 의논을 한 데서 시작했습니다. 이때 마스덴은 20세의 학부생이었다고 합니다.

나는 아주 우연히, 뜻하지 않게 진실을 마주할 때가 있다는 것을 다음 이야기를 통해 알리고 싶다. 난 예전부터 알파입자의 산란을 관찰했고 가이거 박사가 이 현상을 상세하게 조사했다. 그는 금으로 만든 얇은 박에 알파입자를 쏘면 아주 작은 각도(약 1도)로 산란된다는 것을 알고 있었다.

어느 날 가이거가 내게 와서 방사능에 관해 연구를 하던 그의 학생인 마스덴에게 어떤 연구 과제를 주는 것이 좋겠느냐고 물었다. 나는 가이거에게 "글쎄, 나도 어떤 과제를 줄까 고민하고 있었어. 그에게 알파입자가 큰 각도로 산란되는 일이 있는지 살펴보도록 하면 어떨까? 물론 가이거 당신에게만 하는 말이지만, 크게 산란하는 일은 없을 거야. 알파입자는 고에너지니까 산란을 한다고 해도 반대 방향으로 되돌아오진 않겠지."라고 말했다.

하지만 2~3일 후, 가이거가 내게 보고한 내용은 거의 불가능에 가까운 것이었다.

"우리는 알파입자가 완전히 거꾸로 되돌아오는 것을 관찰했습니다."
이것은 마치 15인치나 되는 대포알을 종이에 대고 쏘았는데, 대포가 되돌아와 쏜 사람을 맞힌 격이었다. 나는 만일 이것이 여러 번 충돌을 반복해서 얻은 결과가 아니라 단 한 번의 충돌로 인한 것이라면 분명 원자 중심에 질량 대부분을 차지하는 무언가가 있을 것이라고 결론지었다. 이것이 내가 원자 중심에 무거운 핵이 있다는 결론을 내리게 된 이유이다.

나는 곧 산란에 관한 공식을 유도했다. 정해진 각도로 산란하는 입자의 수는 금박의 두께에 비례하고 전하의 제곱에 비례하며, 입사하는 알파입자 속도의 4제곱에 반비례한다는 것이었다. 가이거와 마스덴은 수많은 실험을 통해 이 결론을 증명했다.

이런 과정을 통해 러더퍼드는 원자 질량 대부분과 전하 대부분이 중심의 아주 작은 영역에 집중되어 있고(원자핵) 대부분은 빈 공간으로 되어 있다는 것을 알아낸 것입니다.

러더퍼드는 이 실험만을 가지고는 원자핵이 확실하게 양전기라고 결론 내리기 어려웠습니다. 격자 모양으로 배열된 금 원자 속을 지나는 알파입자는 가장 가까이에 있는 금 원자에 의해 영향을 받아 산란될 것이므로 산란 방향만 보고는 원자핵이 알파입자를 밀쳤는지 아니면 당겼는지 알 수가 없습니다. 어느 쪽에 있는 원자핵에 의해 당겨지거나 밀쳐지는 것은 어차피 모두 같은 방향으로 알파입자의 경로를 결정할 것이기 때문입니다.

그러나 그는 다음과 같이 말했습니다.

"높은 에너지를 가진 알파입자가 중앙에 N_e 개의 전하를 가진 핵과 그것을 둘러싼 N개의 전자들의 전하에 의해 전기적으로 중성을 띠는 원자를 통과했다고 생각할 수 있다."

러더퍼드의 원자 모형

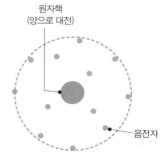

원자핵
(양으로 대전)

음전자

가이거-마스덴 실험 결과에 따른
러더퍼드 원자 모형

러더퍼드는 알파입자가 산란하는 정도와
에너지의 양을 가지고 금의 원자핵 크기를
계산했습니다. 그는 중앙에 많은 전하를 가
진 원자를 통과하기 위해서는 금의 원자핵
크기가 3.4×10^{-14} 미터 이하일 것이라고 했지요. 이것은 당시 알려졌던
금 원자 직경이 약 1.5×10^{-10} 미터인 것과 비교하면 약 $1/4000$ 밖에 되지 않
습니다. 당시로서는 아주 놀라운 사실이었지요.

그는 실험 결과에 따라 전자와 원자핵 사이는 빈 공간일 것이라고 생각
했습니다. 그런데 빈 공간에서 전자는 (-)를, 원자핵은 (+)를 가진다면 서로
붙어 버리고 말 것입니다. 그래서 러더퍼드는 전자들이 원자핵에 붙지 않
도록 행성 주위를 도는 위성처럼 전자도 돈다고 생각했습니다. 비록 전자
가 원자핵 주위를 돈다고 발표한 것 같지는 않지만 말입니다.

러더퍼드가 원자 모형을 발표하기 훨씬 전인 1903년, 일본의 나가오카
한타로[長岡半太郎]는 안정된 원자 모형으로 토성 모형을 제안했습니다. 그
는 양전기를 띤 무거운 원자핵은 토성에 해당하고 주위를 둘러싼 토성의
띠가 전자에 해당하며 이렇게 원자가 중성을 띠게 된다고 했습니다. 한
타로는 그의 논문에서 "이것은 원자 구조에 대한 더 완전한 해법을 제시
할 수 있을 것이다."라고 결론 내렸습니다. 한타로의 원자 모형은 근본적
으로 러더퍼드의 모형과 동일합니다. 바로 중앙에 무거운 핵이 있고 그 주
위로 가벼운 전자들이 도는 형태이지요.

하지만 그의 논문에 대한 일본 학계의 반응은 냉담했습니다. 그래서 한타로는 해당 논문을 1904년, 영국 학회에 발표했습니다. 아마 러더퍼드는 한타로의 논문을 보았거나 기억하고 있었던 것 같습니다. 러더퍼드는 원자의 거의 모든 질량이 원자핵에 집중되어 있다는 결론을 내린 뒤, 도쿄에 있던 한타로에게 다음과 같은 편지를 보냈다고 합니다.

(중략) …… 머지 않아 아시게 되겠지만, 내 실험실에서 상상한 원자 구조는 귀하가 수년 전에 발표하신 논문과 어느 정도 유사한 부분이 있습니다. 나는 아직 귀하의 논문을 자세하게 살펴보지 않았지만 귀하가 그러한 주제에 관한 논문을 썼다는 사실은 기억하고 있습니다. *

* 나카무라 세이타로 저: 『유카와 히데키와 도모나가 신이치로』에서 인용

이렇게 러더퍼드는 행성들이 태양 주위를 도는 것과 같은 태양계형 원자 모형을 완성했습니다. 후에 한타로에게는 러더퍼드의 추천으로 케임

토성과 토성의 띠

태양계

브리지 대학의 명예박사학위와 가운이 전달되
었다고 합니다. 오른쪽 그림은 러더퍼드가 제
안한 원자 모형입니다.

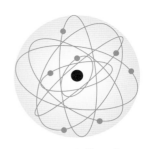

러더퍼드의 원자 모형

　하지만 이 원자 모형은 안정성에 문제가 있
었습니다. 전자들이 양전기를 띤 원자핵을 둘
러싸고 있다고 했는데 만일 전자들이 움직이
지 않고 가만히 있으면 전기적인 인력 때문에
전자들은 핵의 양전기에 이끌려 달라붙기 때문입니다. 그러므로 전자들
은 핵 주위를 회전해야 합니다. 회전을 해야 원심력이 생겨 인력(끌어당기
는 힘)과 평형을 이룰 수 있지요.

　전기를 띤 전자들이 빠른 속도로 원자핵 주위를 돌면 원운동, 곧 가속
운동을 하게 됩니다. 그러므로 맥스웰의 법칙에 의해 전자는 에너지를 전
자기파의 형태로 내놓게 되고 결국 에너지를 잃어 원자핵으로 떨어지고
맙니다. 과학자들은 이 문제점 때문에 쉽사리 그의 모형을 받아들일 수
없었습니다. 일본의 한타로 역시 이 문제점을 잘 알고 있었고 나름대로 설
명을 하려 했지만 제대로 설명을 할 수 없었다고 합니다. 마침내 1908년
에 한타로는 그의 이론을 포기하게 됩니다.

　하지만 1913년, 러더퍼드의 제자인 덴마크의 물리학자 닐스 보어에 의
해 문제점이 해결되었습니다. 보어는 전자들이 원자핵 주위를 도는 것
은 맞지만 정상 궤도에 있을 때에는 전자파를 발생하지 않고, 한 궤도에
서 다른 궤도로 이동할 때만 에너지를 빛(전자파)으로 방사한다고 가정했
습니다. 이때 에너지의 양은 궤도와 궤도 사이의 에너지 차이만큼이라고

했지요. 보어는 이 가정을 바탕으로 수소 원자의 스펙트럼을 설명할 수 있었습니다. 비록 맥스웰의 기본 법칙에는 반하는 것이었지만 수소 원자의 스펙트럼을 설명할 수 있었기 때문에 많은 과학자들이 보어의 모형을 받아들였습니다. 그 후 양자역학이 발전하면서 보어의 모형은 더욱 공고해졌습니다.

러더퍼드의 원자 모형은 1913년에 보어의 이론으로 수정되어 전자들이 원자핵 주위를 도는 태양계 모양의 러더퍼드-보어 모형이 되었습니다. 이 모형은 현재 원자 모형의 기본이 됩니다. 톰슨이 제안한 원자 모형은 그의 제자인 러더퍼드에 의해 개량되었고, 또 러더퍼드의 모형은 제자인 보어에 의해 개량되었으니 결국 원자 모형은 3대에 걸친 스승과 제자의 합작품인 셈이지요.

어니스트 러더퍼드

　1871년 8월 30일, 뉴질랜드에서 태어난 어니스트 러더퍼드는 위대한 실험 물리학자 중 한 사람입니다. 러더퍼드의 가족은 할아버지와 아버지를 포함한 가족 모두가 1842년, 스코틀랜드에서 이주해 왔습니다. 16세에 넬슨 대학교에 입학했고 1889년에는 장학금을 받아 웰링턴에 있는 캔터베리 대학교에 입학했습니다. 1893년, 수학과 물리학에서 1등으로 졸업한 러더퍼드는 1894년에는 국가 장학금을 받아 케임브리지 대학교의 캐번디시 연구소의 연구원이 되었고, 이곳에서 J. J. 톰슨을 만나 그의 제자가 됩니다.

　1897년에는 D.Sc(Doctor of Science) 학사 학위를 취득하고 트리니티 대학교의 장학생이 되었으며, 이듬해엔 캐나다 몬트리올에 있는 맥길 대학교의 교수가 되었습니다. 1907년에 영국으로 돌아온 러더퍼드는 아서 슈스터 경의 뒤를 이어 맨체스터 대학교의 물리학과장으로 임명되었고 1919년에는 톰슨의 뒤를 이어 캐번디시 교수가 되었습니다. 또한 영국 정부의 과학부 협회 의장을 지냈으며 런던 왕실연구소의 자연철학 교수와 왕립학회 몬드 연구소의 소장이 되었습니다.

　뉴질랜드의 캔터베리 대학교에서 그는 고주파하에서의 이온의 성질을 규명하기 위해 많은 실험을 했습니다. 그는 연구를 통해 「고주파 방전에 의한 이온의 자성화」라는 논문을 발표했습니다. 이는 고주파와 교류에 관한 실험을 최초로 고안한 연구가 되었습니다. 그의 두 번째 논문은 자기 점성(Magnetic Viscosity)에 관한 것으로 몇십만분의 일 초라는 짧은 시간을 측정할 수 있는 방법에 대해 기술하고 있습니다.

　그의 뛰어난 능력은 곧 톰슨의 인정을 받았습니다. 캐번디시 연구소에서 한 첫 발명은 전자파 검출 장치였습니다. 그는 톰슨과 함께 X선에 의한 기체의 이온화 연구와 전기장의 세기와 광전 효과에 대해 연구했습니다. 그리고 1899년에는 우라늄 원소에서 알파선과 베타선이 방출됨을 밝혔고 이들의 특성에 대해서도 간단히 알아냈습니다.

맥길 대학교로 옮긴 러더퍼드는 주로 방사성 원소의 알파입자에 대해 연구했습니다. 그는 로버트 오웬스와 함께 토륨의 방사능에 대해 연구했는데, 이때 라돈의 방사성 동위 원소인 희귀한 가스(후에 토론으로 알려짐)를 발견했습니다. 1900년에는 옥스퍼드 대학교에서 온 프레데릭 소디와 함께 방사능의 붕괴 이론을 수립했습니다. 러더퍼드와 소디는 방사성 원소의 붕괴가 분자 상태에서 일어나는 것이 아니라 원자 상태에서 일어난다는 것을 많은 실험적 증거로 밝혀냈습니다. 이후에 새로운 방사성 물질이 많이 발견되면서 러더퍼드와 소디의 이론은 더욱 공고해졌습니다. 후에 원자의 핵분열을 발견하여 노벨상을 수상한 오토 한도 러더퍼드의 제자입니다.

맨체스터 대학교에서도 라듐에서 방사되는 알파입자에 대한 연구를 계속했고 가이거와 함께 알파입자를 검출할 수 있는 방법을 연구했습니다. 이때 가이거는 가이거 계수기를 발명했습니다. 1911년에는 가이거–마스덴 실험으로 불리는 알파입자 산란 실험을 통해 원자핵을 발견했는데, 이 발견은 러더퍼드의 업적 중 가장 위대한 것으로 평가됩니다.

1912년에 제자로 온 닐스 보어는 러더퍼드의 원자 모형과 플랑크의 양자론을 이용해 새로운 원자 모형을 완성합니다. 이 모형은 전자들이 원자핵 주위를 도는 모양으로 마치 태양계와 비슷했으며 러더퍼드–보어 원자 모형으로 불립니다. 후에 이 모형은 하이젠베르크의 불확정성 원리에 따라 수정되어 현재까지 등장한 모형 중 가장 실제에 근접한 원자 모형으로 널리 인정받고 있습니다.

1919년, 맨체스터 대학교에 종사하던 마지막 해에 러더퍼드는 질소와 같이 가벼운 원소들에 강력한 알파입자를 충돌시키자 붕괴되며 고에너지의 수소 원자핵이 방출되는 것을 발견했습니다. 후에 블래킷은 안개상자를 이용해 이러한 반응 과정에서 질소 원자가 산소 원자로 바뀌는 것을 알아냈습니다. 러더퍼드는 처음으로 원자핵 분열 사례를 관찰한, 또 인공적으로 한 원소를 다른 원소로 변환시킨 사람인 셈입니다.

러더퍼드는 톰슨의 후임으로 캐번디시 연구소에 온 후 많은 후학을 양성했는데, 그중에 중성자를 발견한 제임스 채드윅, 원소 변환을 연구한 패트릭 블래킷, 고압 입자 가속기를 발명한 존 콕크로프트와 어니스트 월턴 등은 노벨상을 수상했습니다.

러더퍼드의 저서로는 『방사능(Radioactivity)』(1904), 『방사성 변환(Radioactive transformation』(1906), 『물질의 전기적 구조(Electrical Structure of Matter)』(1926), 『원소의 인공적인 변환(The Artificial Transmutations of the Elements)』(1933) 등이 있습니다.

1914년에는 영국 여왕으로부터 작위를 받았고, 1925년에는 최고 훈장 그리고 1931년에는 넬슨 뉴질랜드와 케임브리지의 영주 작위를 받았습니다. 1903년에는 영국 왕립학회의 회원이 되었으며 1925년에서 1930년까지 회장을 역임했습니다. 또 왕립학회로부터 럼퍼드 메달(1905년)과 코플리 메달(1922년)을, 토리노 과학원으로부터 브레사 상(1910년), 영국의 전기기술자연합으로부터 패러데이 메달(1930년) 등을 받았고 1908년에는 노벨 화학상을 수상했습니다.

러더퍼드는 모교인 캔터베리 대학교로부터 과학박사학위를 받은 것을 비롯해 펜실베이니아 대학교, 위스콘신 대학교, 맥길 대학교, 에든버러 대학교, 예일 대학교, 옥스퍼드 대학교, 토론토 대학교, 케임브리지 대학교 등 많은 대학교로부터 명예박사학위를 받았습니다. 그는 1900년, 메리 뉴턴과 결혼해 외동딸을 낳았는데 딸은 유명한 물리학자인 랄프 파울러와 결혼했습니다. 1937년 10월 19일, 세상을 떠난 러더퍼드는 웨스트민스터 사원에 있는 뉴턴과 켈빈 경 옆에 묻혔습니다.

한스 가이거

한스 가이거는 1882년 9월 30일, 독일에서 태어났습니다. 아버지인 빌헬름 가이거는 유명한 학자로 에를랑겐 대학교의 교수였습니다. 장남인 가이거는 에를랑겐에서 고등학교를 마치고 대학

에서 물리학을 공부했습니다. 처음엔 뮌헨 대학교에 다녔으나 박사 학위는 1906년, 에를랑 겐 대학교에서 「가스를 통한 방전」이라는 논문으로 받았습니다.

다음 해인 1907년, 영국으로 건너가 맨체스터 대학교의 어니스트 러더퍼드 밑에서 연구를 하였는데, 이때 러더퍼드의 지시에 따라 마스덴과 함께 알파입자 산란 실험을 하게 되었습니다. 이 실험에서 형광판에서 반짝이는 알파입자의 수를 세는 것은 굉장히 어렵고 고된 일이었습니다. 그래서 가이거는 이 알파입자를 검출할 수 있는 새로운 장치를 만들었습니다. 그것이 바로 가이거 계수기입니다.

1912년, 가이거는 독일로 돌아와 베를린에 있는 물리 연구소의 방사선과 과장이 되었으며 이곳에서도 알파입자 외에 다른 방사선도 검출할 수 있는 방법을 연구했습니다. 그러다가 제 1차 세계대전이 발발하자 포병으로 입대한 가이거는 차가운 참호 속에서 오랜 시간을 보낸 탓에 심한 신경통을 얻었습니다. 전쟁이 끝난 후 연구소로 돌아온 가이거는 1920년에 결혼했습니다.

1925년에 킬 대학교의 교수가 되었고 제자인 발터 뮐러와 함께 계수기를 개량하여 가이거-뮐러 계수기를 완성했는데, 이것이 바로 현재 사용하는 방사선 측정 장치입니다. 가이거는 이 계수기를 이용해 광자의 존재를 확인했습니다. 1929년에 튀빙겐 대학교로 옮긴 가이거는 물리 연구소의 소장이 되었습니다. 계수기의 성능을 향상시키기 위해 많은 실험을 했던 그는 우주선이 한 번씩 급증하는 현상을 발견했고, 이후 우주선 연구에 열중했습니다.

1936년에 베를린으로 돌아와 공과대학 물리학과 과장이 되었는데 이때 그는 다른 75명의 물리학자들과 함께 히틀러 정부에 과학 연구에 대한 간섭 중단을 요청하는 연서를 보냈다고 합니다. 가이거는 제 2차 세계대전(1939년-1945년) 동안 베를린 공과대학에서 후학을 양성했고 전쟁이 끝난 후 1945년 9월 24일, 포츠담에서 세상을 떠났습니다.

어니스트 마스덴

어니스트 마스덴은 1889년 2월 19일, 뉴질랜드에서 태어났습니다. 고등학교를 우수한 성적으로 졸업한 그는 영국 맨체스터 대학교에 입학했고 아직 학부생이었던 1909년, 러더퍼드 교수와 가이거 박사의 지도를 받게 되었습니다.

그가 알파입자 산란 실험을 했던 때는 겨우 20세였으며 1915년에는 러더퍼드의 추천으로 빅토리아 대학의 물리학 교수로 임명되어 뉴질랜드로 돌아갔습니다. 제1차 세계대전 중에는 프랑스 왕실 엔지니어로 종사했고 전쟁이 끝난 후에는 뉴질랜드 과학 기술부의 연구 책임자가 되었습니다. 제2차 세계대전 때에는 레이더 개발에 매진했으며 1946년에는 런던 왕립학회의 회원이 되었습니다. 다음 해에는 뉴질랜드 왕립학회 회장 임명과 동시에 런던 주재 과학 담당관이 되었고 영국 여왕으로부터 작위도 받았습니다. 마스덴은 1970년에 뉴질랜드 웰링턴에서 세상을 떠났습니다.

나가오카 한타로

나가오카 한타로는 1865년 8월 15일, 일본 나가사키현 오무라에서 태어났습니다. 그는 메이지 시대를 대표하는 과학자 중 한 사람으로 1887년에 도쿄 대학교에서 학사 학위와 석사 학위를 받았습니다. 그는 스코틀랜드 지진학자인 카길 노트와 함께 연구를 했으며 1893년에 독일로 유학을 떠났습니다. 그는 베를린 대학교, 뮌헨 대학교, 비엔나 대학교에서 학업을 이어 갔습니다.

1900년, 파리에서 열린 제1회 국제 물리학회에 참여한 한타로는 방사능에 대한 퀴리 부인의 강연을 듣고 원자 물리학에 관심을 가지게 되었습니다. 일본으로 돌아온 그는 1901년에 도쿄 대학교의 교수가 되어 1925년까지 학생들을 가르쳤습니다. 그는 원자 구조에 대한 연구를 진행했는데, 1897년에 톰슨이 전자를 발견하자 원자가 전자에 반대되는 전하도 가지고 있을 것이라 생각했습니다.

톰슨이 플럼 푸딩 원자 모형을 발표한 1903년, 그는 반대의 전하를 가진 입자들은 서로 관통할 수 없다고 가정하고 톰슨의 모형을 받아들이지 않았습니다. 대신 앞서 설명한 토성과 같은 원자 모형을 제안했습니다. 그가 이러한 원자 모형을 제안한 이유는 1902년에 켈빈 경이 제안한 원자 모형(Aepinus Atom)을 반박하기 위함이었다고 합니다.

하지만 그는 원자 모형 내 전자의 안정성 때문에 그의 이론을 포기해야만 했습니다. 맥스웰의 이론에 따르면 그의 원자 모형 속 전자들은 궤도에 안정된 상태로 존재하지 못했기 때문입니다. 이후 러더퍼드의 원자 모형에서도 같은 문제가 발생했지만 1913년, 러더퍼드의 제자 닐스 보어가 양자 가설을 바탕으로 해결했습니다.

한타로는 1931년부터 1934년까지 오사카 대학의 총장을 역임했고, 제자 중 한 명인 유카와 히데키는 노벨 물리학상을 수상했습니다. 그는 1937년에 일본 문화훈장을 받았으며 그의 이름을 딴 크레이터가 달의 뒷면에 있습니다. 끊임없이 후학 양성과 연구에 매진하던 그는 1950년 12월 11일, 도쿄에서 생을 마감했습니다.

10장

프랑크-헤르츠 실험

제임스 프랑크

구스타프 헤르츠

프랑크-헤르츠 실험의 배경

1914년, 덴마크의 물리학자 닐스 보어는 러더퍼드의 원자 모형에 근거해 수소 원자 스펙트럼을 설명하는 데 성공했습니다. 보어의 이론에 따르면 원자에 서로 다른 에너지 준위가 존재하고, 이 준위는 연속적인 것이 아닌 어떤 특정한 값을 가진다는 것을 알 수 있습니다. 제임스 프랑크(James Franck)와 구스타프 헤르츠(Gustav Hertz)는 보어가 예측한 에너지 준위가 다른 원자에도 실제로 존재하는지 실험을 통해 알아보려 했습니다. 두 사람은 수은 원자가 에너지 준위를 가지는지 살펴보기 위해 아래 그림과 같은 실험 장치를 만들었습니다.

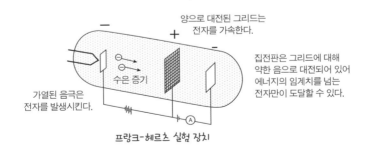

양으로 대전된 그리드는 전자를 가속한다.

집전판은 그리드에 대해 약한 음으로 대전되어 있어 에너지의 임계치를 넘는 전자만이 도달할 수 있다.

수은 증기

가열된 음극은 전자를 발생시킨다.

프랑크-헤르츠 실험 장치

먼저 전기로 가열할 수 있는 음극과 그물망 형태의 그리드(양극), 금속 판으로 만들어진 플레이트(전극)를 유리관 속에 넣고 공기를 빼 진공 상태를 만들었습니다. 그다음 수은 증기를 주입하고 밀봉했습니다. 음극과 양극 사이에는 음극에서 나오는 전자가 가속되고 그리드 쪽이 음극에 대해 양극(+)이 되도록 플러스 전압을 걸었습니다. 또 그리드와 금속 플레이트 사이에는 플레이트 전극 쪽이 약한 음극(-)이 되도록 전압을 조정했지요. 프랑크와 헤르츠는 그리드와 금속 플레이트 사이에 흐르는 전류를 측정하기 위해 검류계를 사용했습니다.

만일 여러분이 이런 실험을 한다면 오실로스코프를 사용하는 것이 훨씬 편리합니다. 우리가 얻으려 하는 전류의 변화 곡선을 직접 볼 수 있기 때문입니다. 하지만 여기서는 프랑크와 헤르츠가 수행한 실험 그대로를 설명하고자 합니다.

프랑크-헤르츠 실험 과정

먼저 음극을 가열하여 열전자를 발생시킵니다. 발생한 열전자들은 그리드의 (+)전압에 의해 그리드 쪽으로 가속되며 망 사이를 통과해 금속 플레이트에 걸린 약한 역전압(플레이트는 그리드에 비해 음전기를 띠고 있기 때문임)을 이기고 플레이트에 도달합니다.

가속되어 그리드의 전극으로 향하는 전자들이 관 속의 수은 원자와 충돌할 때, 에너지를 잃지 않고 전자의 에너지가 전압에 비례해 커지면 더

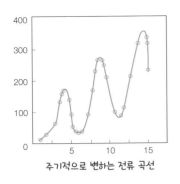

주기적으로 변하는 전류 곡선

많은 에너지를 플레이트 전극에 전달할 수 있습니다. 또 전자의 수는 그리드에 가해진 전압에 비례해 증가할 것입니다. 이때 전자의 수는 플레이트에 흐르는 전류를 의미하므로 전자의 수가 늘어나면 전류도 증가합니다. 실제 실험 결과 역시 예측한 대로 플레이트의 전류가 그리드의 전압에 비례해 증가했습니다.

그런데 그리드 전압을 계속 올리다가 전압이 4.9볼트 정도 되었을 때, 전류는 최대가 되고 그 이상으로 전압을 올리니 위 그래프처럼 전류가 갑자기 떨어지는 것을 관찰할 수 있었습니다. 이것은 전압이 4.9볼트일 때 어떤 현상이 일어나 전자들이 플레이트에 도달하지 못한다는 것을 의미합니다. 그리드의 전압을 계속 올리면 전류는 다시 증가하고, 가속 전압이 9.8볼트 4.9볼트의 2배 정도 되었을 때 전류는 다시 급격히 감소합니다. 예상했겠지만 그리드의 전압을 4.9볼트만큼 올릴 때마다 플레이트의 전류가 감소하는 현상이 되풀이됩니다. 그리고 어두운 곳에서 실험을 하면 전류가 감소할 때 음극과 그리드 사이에서 빛이 나는 것을 관찰할 수 있습니다.

프랑크-헤르츠 실험 결과

프랑크와 헤르츠는 전류가 증가하다가 감소하는 현상을 보고 수은 원

간단한 실험과 노벨상

과학에서는 어떤 분야에서 멋진 발견이나 발명이 이루어지면 그것을 다른 분야에도 적용해 많은 실험을 합니다. 프랑크와 헤르츠의 실험도 비슷한 경우이지요.

미국의 토머스 에디슨이 백열전구를 발명했을 때, 전구를 계속 사용하면 필라멘트가 증발하여 유리 내벽을 검게 만드는 것을 알았습니다. 당시 에디슨이 만든 전구의 필라멘트는 탄소(카본)로 만들어져 있어서 에디슨은 내벽이 검게 변하는 이유가 탄소 때문이라고 생각했습니다. 그래서 다른 전극을 넣어 탄소를 유리 대신 새로운 전극에 붙게 하려고 했습니다. 이때 에디슨은 새로 넣은 전극이 필라멘트에 대해 (+)일 때는 전류가 흐르고 (-)일 때는 전류가 흐르지 않는 것을 알았습니다. 에디슨은 이 신기한 현상을 여러 사람들에게 보여 주었고, 곧 에디슨 효과라는 이름으로 널리 알려졌습니다. 하지만 새로 넣은 전극도 내벽이 검게 변하는 것을 막지는 못했습니다.

1904년, 영국의 플레밍은 이 원리를 이용해 에디슨의 전구에 다른 전극을 넣은 것과 같은 이극관(이극 진공관)을 만들고 교류를 직류로 바꿀 수 있는 정류관으로 사용했습니다. 정류 효과를 발견한 것은 에디슨이었지만 이를 이용해 교류를 직류로 바꿀 수 있다는 것은 몰랐던 것이지요. 결국 이극관의 발명은 플레밍의 업적으로 남았습니다. 그 후 1907년, 미국의 리 디포리스트는 이극관의 필라멘트와 플레이트 사이에 또 다른 그리드 전극을 넣고 실험을 했는데, 이는 삼극관(삼극 진공관)으로 알려져 있습니다.

여러 과학자들의 연구 결과, 삼극관은 이극관처럼 정류 작용만 하는 것이 아니고 증폭 작용과 발진 작용도 한다는 것이 밝혀졌습니다. 프랑크와 헤르츠는 바로 이 삼극관을 이용해 실험을 했습니다. 이극관과 삼극관에 대한 이야기는 뒤에 나올 진공관의 발명에서 더 자세히 이야기할 것입니다.

에디슨 효과를 발견한 에디슨, 정류 작용을 발견한 플레밍, 삼극관을 발명한 리 디포리스트는 많은 부를 쌓았지만 노벨상의 영예를 누리지는 못했습니다. 그와 반대로 프랑크와 헤르츠의 실험은 상업적 가치가 없어 돈을 벌지 못했지만 물리학의 원리를 이해하는 실험으로 인정받아 노벨상을 수상할 수 있었습니다. 이처럼 노벨상을 받은 실험들은 실용성과는 큰 관련이 없고 물리학의 기본 원리를 이해하는데 도움을 주는 실험들이 대부분입니다.

자들이 전자의 에너지를 흡수하는 최소의 단위가 4.9볼트라고 결론 지었습니다. 그리고 전압을 점점 올릴 때에는 전류가 전압에 비례해 증가했지만 4.9볼트일 때 별안간 전류가 감소한 것은 수은 원자들이 전자 에너지를 흡수하고, 전자는 에너지를 잃었기 때문이라고 생각했습니다. 에너지를 잃은 전자는 플레이트에 걸린 약한 음전기에 의해 반발하여 플레이트에 도달하지 못했다고 결론 내렸지요.

또 전압을 다시 올리면 에너지를 잃었던 전자들이 다시 에너지를 얻어 가속되고 플레이트에 도달하면서 전류는 다시 증가합니다. 전자들이 4.9볼트만큼 에너지를 다시 얻으면 수은 원자들에게 또 에너지를 빼앗기고 플레이트에 도달하지 못하는 현상이 반복되는 것이지요.

전자의 에너지를 얻은 수은 원자는 낮은 에너지 상태에 있다가 얻은 에너지만큼 더 높은 에너지 상태인 들뜬상태가 됩니다. 다시 말해 수은 원자의 에너지 상태는 연속적인 것이 아니고 4.9볼트 만큼의 간격을 가지고 있다는 것을 증명한 것입니다.

또 이때 빛이 발생하는 이유는 들뜬상태로 올라간 수은 원자들이 곧 정상 상태로 되돌아오며 4.9볼트 만큼의 에너지를 빛으로 내보내기 때문입니다. 이 현상은 보어가 예상했던 것과 일치했으며 실제로 이때 발생하는 빛은 에너지가 4.9볼트인 2536옹고스트롱(2536Å)의 자외선입니다.

이렇게 프랑크와 헤르츠는 보어가 발표한 이론을 실험적으로 증명했습니다. 닐스 보어는 그의 이론으로 1922년, 노벨 물리학상을 수상했고 프랑크와 헤르츠는 1925년, 노벨 물리학상을 수상했습니다. 지금까지 계속 언급한 헤르츠는 전자파를 발견한 하인리히 헤르츠의 조카랍니다.

제임스 프랑크

제임스 프랑크는 1882년 8월 26일, 독일 함부르크에서 태어났습니다. 원래는 하이델베르크 대학교에서 화학을 전공하다 베를린 대학교로 옮겨 물리학을 공부했습니다. 1906년, 물리학 박사 과정을 마친 후 프랑크푸르트에 있었으나 곧 베를린 대학교로 돌아왔고 제 1차 세계대전이 끝나는 1918년까지 부교수로 있었습니다.

전쟁 후 그는 카이저 빌헬름 연구소의 물리학부 소장이 되었고, 1920년에는 괴팅겐 대학교 물리 연구소 소장이 되었습니다. 1920년부터 1933년, 양자역학이 발표되고 여러 연구가 행해지던 시기에 프랑크는 이론 물리학 소장으로 있던 막스 보른과 긴밀한 관계를 유지하며 다양한 연구를 진행했습니다. 그가 괴팅겐 대학교에 있을 때 많은 제자를 양성했는데, 그중에는 안개상자로 우주선을 연구해 노벨 물리학상을 수상한 패트릭 블래킷과 에드워드 콘돈, 한스 코페르만, 로버트 오펜하이머 등이 있습니다.

나치 정권이 들어서자 히틀러에 반대했던 프랑크는 가족과 함께 미국으로 건너가 존스 홉킨스 대학교의 물리학 교수가 되었습니다. 후에 덴마크 코펜하겐 대학교의 방문 교수를 거쳐 미국으로 돌아와 1938년, 시카고 대학교의 물리화학 교수가 되었습니다. 그리고 제 2차 세계대전 중에는 원자폭탄을 만드는 비밀 기획인 맨해튼 프로젝트에 참여했습니다. 전후에는 1947년, 65세의 나이로 시카고 대학교 명예교수가 되었으며 1956년까지도 광합성 연구 그룹의 장으로서 계속 실험을 했습니다.

베를린 대학교에 있을 때에는 주로 전자와 원자, 분자의 운동에 관한 연구에 열중했는데 그의 첫 연구는 가스 중에서의 전기 전도에 관한 것이었습니다. 이후 그는 구스타프 헤르츠와 함께 프랑크-헤르츠 실험을 해 에너지 준위에 대한 보어의 이론을 증명했습니다. 이 업적으로 1925년에 헤르츠와 함께 노벨 물리학상을 받았습니다.

그가 제자들과 함께 한 실험들도 대부분 원자 물리학에 관련된 것인데, 들뜬상태에 있는 분자나 원자들의 에너지 교환(주로 이차적 충돌에 의한 에너지 교환과 광화학 연구)에 관한 것이었습니다. 괴팅겐 대학교에서는 주로 기체의 형광 현상에 대해 연구했으며 이때 제자인 에드워드 콘돈과 함께 아이오딘 광화학 분해 과정을 제시하였습니다. 이 이론은 프랑크-콘돈의 원리로 알려져 있습니다.

프랑크는 노벨 물리학상뿐만 아니라 독일 물리학회로부터 막스 플랑크 메달(1951년)을, 영국 왕립학회로부터 럼퍼드 메달(1953년)을 받았습니다. 또 1964년에는 분자 스펙트럼에서의 전자의 충돌 에너지에 관한 연구와 광합성 연구로 왕립학회의 외국인 회원이 되었습니다.

1911년에 스웨덴에서 결혼한 그는 부인이 죽은 뒤 1946년에 미국 듀크 대학교의 물리학 교수인 헤르타 스포너와 재혼했습니다. 그는 1964년 5월 21일, 괴팅겐 방문 중에 심장마비로 세상을 떠났습니다.

구스타프 헤르츠

구스타프 헤르츠는 1887년 7월 22일, 독일 함부르크에서 태어났습니다. 1906년, 괴팅겐 대학교에 입학했으나 후에 뮌헨 대학교와 베를린 대학교로 옮겼고, 1911년에 괴팅겐 대학교를 졸업했습니다. 1913년에는 베를린 대학교의 물리연구소 연구원이 되었으나 이후 발발한 제1차 세계대전에서 징병되어 큰 부상을 입고 돌아왔습니다. 1917년에 다시 베를린 대학교의 강사가 되었고, 1920년부터 1925년까지 아인트호벤에 있는 필립스 전구 공장에서 일했습니다.

1925년, 할레 대학 물리 연구소의 교수를 거쳐 1928년에는 샤를로텐부르크 공과대학의 물리 연구소 소장이 되었습니다. 하지만 정치적인 이유로 교수 자리에서 물러나고 말았지요. 1935년에는 지멘스 공업 상회 연구소장을 지냈으며 1945년부터 1954년까지는 라이프치히에 있는 카를 마르크스 대학교(현 라이프치히 대학교) 물리학 연구소 소장과 러시아 연구소의 총 책임자를 겸임했습니다. 1961년에 은퇴한 헤르츠는 쭉 라이프치히와 베를린을 오가며 살았습니다.

헤르츠는 압력과 부분 압력에 대한 탄산가스의 적외선 흡수에 관한 내용으로 박사 학위를 취득하는 한편, 제임스 프랑크와 함께 여러 기체의 이온화 전위를 측정하고 연구했습니다. 1928년에 베를린으로 돌아온 그는 물리학 연구소를 재설립하는 데 많은 노력을 기울였고, 이때 단계별 확산을 통한 네온 동위 원소 분리법을 개발했습니다. 또 그는 프랑크, 클로퍼스와 함께 이온화 전위에 관한 여러 편의 논문을 발표했습니다.

헤르츠는 독일, 헝가리, 체코슬로바키아(현 체코와 슬로바키아), 러시아의 과학회 회원이 되었으며 노벨 물리학상 외에 독일 물리학회로부터 막스 플랑크 메달을 받았습니다. 그는 결혼해 슬하에 두 아들을 두었는데, 모두 물리학자가 되었습니다. 헤르츠는 1975년 10월 30일, 베를린에서 세상을 떠났습니다.

11장

기름방울
실험

———

로버트 밀리컨

하비 플레처

기름방울 실험의 배경

1896년, 영국의 톰슨이 발견한 전자는 하나의 독립된 입자인 것으로 밝혀졌지만 전자가 가진 전하량은 알지 못했습니다. 대신 질량과 전하의 비(m/e)로 전자의 질량이 가장 가벼운 원소인 수소 질량의 $^1/_{1000}$ 이하일 것이라고 추정할 뿐이었지요. 그래서 과학자들은 전자의 질량과 전하량을 측정하려 끊임없이 실험하고 연구했습니다.

기름방울 실험은 전자의 전하를 측정하기 위해 로버트 밀리컨(Robert Millikan)과 하비 플레처(Harvey Fletcher)가 수행한 실험입니다. 당시 다른 과학자들은 안개와 같은 상태에서 전체 전하를 측정하고 그 안에 있는 원자 수를 아보가드로의 방법으로 추정하여 전자의 전하량을 구하려 했습니다. 그러나 밀리컨은 제자인 플레처의 도움을 받아 전자 하나의 전하를 측정하려고 시도했습니다.

처음에는 밀리컨과 플레처도 물방울을 이용해 실험을 했습니다. 하지만 측정 시간이 길어짐에 따라 물이 증발하거나 크기가 줄어드는 문제가 있었지요. 그래서 밀리컨은 물 대신 증발하지 않는 기름을 사용하기로 했습니다.

사실 나중에 알려진 일이지만 물 대신 기름을 사용하는 것과 측정 방법에 대해서 플레처가 많은 아이디어를 냈다고 합니다. 하지만 이 사실을 둘만의 비밀로 묻어 두고 모든 공을 밀리컨의 것으로 하기로 약속했다는 것이 플레처 사후 밝혀졌지요. 어쨌든 밀리컨은 기름방울 실험으로 1923년에 노벨 물리학상을 수상했고 플레처는 박사 학위를 받았습니다.

기름방울 실험의 과정

아래 그림은 기름방울 실험 장치를 간단하게 나타낸 것입니다. 두 장의 금속판으로 된 전극이 서로 평행하게 설치되어 있고 위쪽 전극에는 그림처럼 중앙에 작은 구멍이 뚫려있습니다. 두 전극 사이에는 비교적 높은 전

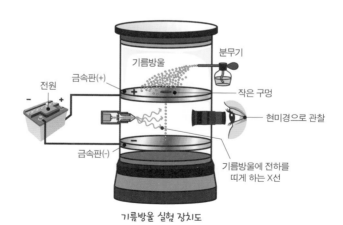

기름방울 실험 장치도

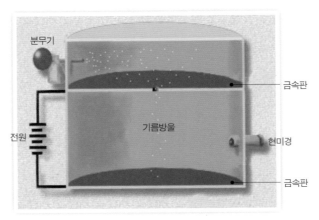

현재 사용되는 기름방울 실험 장치

압(50~100볼트)이 걸려 있는데 이 전압은 조절할 수 있습니다. 분무기로 기름을 뿌리면 펌프에서 나오면서 생기는 마찰로 인해 기름방울은 전하를 띱니다. 하지만 마찰로 생긴 전하가 약하거나 기름방울의 전하량을 변화시키기 위해 이후에 행한 실험에서는 X선으로 기름방울을 대전시킨 경우가 많습니다.

대전된 기름방울의 일부가 전극에 뚫린 작은 구멍을 통해 전극 사이로 기름 자체 무게에 의해 내려옵니다. 그러면 기름방울은 전기력을 받게 되고 움직일 수 있습니다. 이때 전압을 조정하여 기름방울을 아래로 떨어뜨리거나 위로 올려 전극에 붙게 만들어 기름방울 하나만 남도록 하는 것이 측정하기 편리합니다. 장치 옆에 광원이 있어 현미경으로 본 기름방울은 마치 별처럼 반짝거립니다.

처음에는 전압을 걸지 않고 자유 낙하 하게 하여 기름방울이 떨어지는 속도를 측정합니다. 그런 다음 스토크스의 법칙에 의해 공기의 점성만 측정하면 기름방울의 크기를 구할 수 있습니다. 기름방울의 크기를 알면 이미 알고 있는 기름방울의 밀도를 이용해서 무게도 구할 수 있지요.

다음에는 전극에 적당한 전압을 가해서 기름방울이 멈추도록 만들고 전압을 측정해 전하의 크기를 확인합니다. 이렇게 기름방울의 무게와 전하를 모두 구할 수 있습니다.

밀리컨은 기름방울의 크기와 속도를 다르게 하여 여러 번 측정해 실험 결과를 모았습니다. 결과를 분석한 밀리컨은 기름방울이 가진 전하량이 최소 단위의 정수배인 것을 알았습니다. 다시 말해 이렇게 구한 기름방울의 전하량은 제일 작은 것이 1.5924(17)×10^{-19}쿨롱(C)이고 다른 기름방울의 전하량은 이것의 2배 또는 3배였습니다. 하지만 그 중간값, 예를 들어 1.5배나 2.7배 등의 값을 가지는 것은 없었지요. 그러므로 밀리컨은 가장 작은 값이 전자의 전하일 것이라고 결론 내렸습니다. 밀리컨이 구한 값 1.5924(17)×10^{-19}쿨롱(C)은 지금까지 알려진 가장 정확한 값인 1.602,176,487,(400)×10^{-19}쿨롱(C)과 차이가 겨우 0.6퍼센트밖에 나지 않을 만큼 정확합니다.

밀리컨의 실험실

밀리컨이 사용했던 기름방울 실험 장치

밀리컨이 이렇게 간단한 실험으로 전자의 전하량을 측정한 것은 상상 외의 일이었습니다. 현대의 고성능 전자현미경으로도 보이지 않을 만큼 작은 전자의 전하를 그보다 엄청 큰, 적어도 몇조 배는 더 큰 물방울이나 기름방울로 측정하고 기름방울의 전하량이 모두 정수배를 갖는다는 사실을 발견했으며, 그중 가장 작은 값을 기본 전하량으로 결정한 밀리컨의 추리력은 감탄할 만합니다. 사실 21세기의 과학 기술로도 전자를 하나씩 골라 측정하는 것은 불가능에 가깝기 때문입니다.

이것이 밀리컨과 플레처의 기름방울 실험이 유명해진 이유입니다. 또 이 실험은 밀리컨에게 노벨상의 영광을 안겨 주었을 뿐만 아니라 그의 이름이 과학사에 길이 남도록 결정적인 역할을 했습니다.

과학 실험을 둘러싼 진실 공방

밀리컨의 실험 결과가 처음 발표된 1910년, 많은 과학자들이 밀리컨이 제시한 값에 대해 반발했습니다. 하지만 정밀한 실험을 여러 번 거쳐 1913년에 다시 결과를 발표했을 때에는 대부분의 과학자들이 밀리컨의 측정을 인정했습니다.

1896년에 톰슨이 전자를 발견한 후, 질량 대 전하의 비가 수소 원자보다 1,000배 정도 클 것이라는 사실이 널리 알려져 있었습니다. 또 빛을 파동으로 여겼던 것처럼 전하량도 최소 단위가 있는 것이 아니라 연속적인 임의의 값을 가질 것이라는 것이 과학자들의 일반적인 생각이었습니다. 그러니 밀리컨의 결과는 이런 생각과 정반대되는 것이었지요.

실은 펠릭스 에렌하프트라는 오스트리아의 과학자가 밀리컨이 측정한 값보다 더 작은 값을 얻었다고 주장하며 과학자들 사이에서 논쟁을 불러왔습니다. 그래서 1920년에 예정되었던 밀리컨의 노벨 물리학상 수상은 무산되고 말았지요. 하지만 에렌하프트의 주장은 틀린 것으로 판명되었고 1923년, 밀리컨에게 노벨 물리학상이 수여되었습니다.

이후에 많은 사람들이 같은 실험을 반복했는데 그때마다 얻어지는 값이 점점 커졌습니다. 정밀한 실험을 한두 번만 해도 정확한 값이 나올 텐데, 많은 단계를 거치며 그 값이 점점 커진 것입니다. 이에 대해 캘리포니아 공과대학의 유명한 물리학 교수이자 노벨 물리학상 수상자인 리처드 파인만은 그의 저서 『파인만 씨, 농담도 잘하시네!』에서 이렇게 말했습니다.

"우리는 우리를 어리석게 행동하도록 만드는 일들을 경험하며 많은 것을 배운다. 한 예로, 밀리컨은 전자의 전하량을 떨어지는 기름방울 실험에서 구했는데, 그 값이 아주 정확한 것은 아니었다. 왜냐하면 그가 추정했던 공기의 점성이 정확하지 않기 때문이다.

그런데 밀리컨 이후의 전하량 측정 실험들을 살펴보면 흥미로운 사실을 발견할 수 있다. 얻은 값들을 시간에 따른 함수로 그래프를 그리면 측정을 거듭함에 따라 밀리컨의 값보다 약간 크고, 그 다음은 바로 전 값보다 약간 더 크게 나타났다. 그리고 그 다음은 더 커지고, 결국에는 가장 높은 값으로 결정된다.

그런데 왜 과학자들은 새로운 수치가 더 높다는 것을 바로 인식하지 못했을까? 이것이 바로 과학자들이 부끄러워하는 일이다. 전하량 측정 실험에 대한 역사를 살펴보면 사람들이 아래 언급한 것처럼 한 것이 분명함을 알 수 있다. 그들은 실험을 통해 얻은 수치가 밀리컨의 것보다 너무 크면 그들이 실험을 잘못했거나 수치에 이상이 있다고 생각했다. 그리고 원인을 찾아 잘못된 이유를 발견했다. 반대로 구한 값이 밀리컨의 것과 거의 같으면 더 이상 같은 이유를 찾지 않았다.

그래서 그들은 밀리컨의 값으로부터 너무 동떨어진 것은 삭제해 버렸고 다른 것들도 마찬가지였다. 오늘날 우리는 이러한 실수가 잘못된 것임을 배웠고 이제는 그러한 실수를 하지 않는다.”

이것은 다른 말로 표현하면 어떤 새로운 결론이 이전 것과 다를 때 사람들은 과감히 예전 자료를 수정하려 하기보다는 기존의 것과 맞춰 나가려는 경향이 있음을 지적한 것입니다.

밀리컨은 기름방울 실험 이후에 광전 효과에서 전자의 전하량을 측정하려 했습니다. 처음에 밀리컨은 아인슈타인의 광전 효과에 대한 이론을 부정했습니다. 하지만 거듭된 실험을 통해 광전 효과에 대한 아인슈타인의 해석을 받아들이게 되었습니다. 왜냐하면 광전 효과에서 얻은 전자의 전하량도 기름방울 실험에서 얻은 값과 거의 같았기 때문입니다.

기름방울 실험에 얽힌
비망록

　기름방울 실험과 관련해 한 가지 이상한 점이 있습니다. 실제로 이러한 실험을 구상하고 실행하는 데 중요한 역할을 했던 하비 플레처의 이름이 공동 연구자로 등록되지 않은 것이지요. 밀리컨이 뭔가 실수를 한 것일까요?

　플레처는 당시 밀리컨의 지도 아래 시카고 대학원에서 박사 과정을 밟고 있었습니다. 그는 밀리컨이 추천한 전자의 전하를 측정하는 실험을 박사 논문으로 쓰기로 하고, 실제로 이에 관한 논문을 밀리컨과 공동으로 발표한 적도 있었습니다. 플레처(1981년 사망)는 죽기 전에 친구에게 편지를 보내 그의 사후 해당 내용을 알리도록 부탁했습니다. 그 내용은 〈Physics Today〉 1982년 6월호의 'My work with Millikan on the oil-drop experiment'라는 글에 나와 있습니다.

　그 편지에는 기름방울 실험에서 물 대신 기름을 사용하자고 한 것은 플레처 자신이고, 또 기름방울 각각의 전하를 처음 측정한 것도 그였기 때문에 밀리컨의 논문에 함께 저자로 등록되어야 한다고 말했다고 합니다. 그러나 밀리컨은 실험 결과를 정리한 일련의 논문들 중 첫 번째 논문은 밀리컨 자신의 단독 저자 논문으로 하고, 대신 나중에 나온 논문은 플레처 단독 저자로 해서 박사 학위 논문으로 하자고 설득해 양보했다고 쓰여 있었습니다. 결국 플레처는 이 내용을 그가 죽을 때까지 비밀로 유지했던 것이지요.

로버트 밀리컨

　로버트 밀리컨은 1868년 3월 22일, 미국 일리노이주에서 태어났습니다. 그의 아버지는 목사였고 조부는 1750년 이전 미국 중서부로 이주해 온 서부 개척자였습니다. 아이오와 주에서 고등학교를 마치고 오하이오주의 오벌린 대학교에서 고전과 수학을 공부하던 중 그의 그리스어 교수가 졸업 후 기초 물리학을 가르쳐 보라고 권했다고 합니다.

　그때까지만 하더라도 물리학을 공부한 적이 없어 밀리컨은 제안을 거절했습니다. 하지만 교수는 "이만큼 그리스어를 이해하고 공부한 자네라면 물리학도 충분히 가르칠 수 있다."라며 격려했다고 합니다. 그는 즉시 기초 물리학 책을 사서 방학 동안 열심히 공부했습니다. 그리고 졸업 후 2년간 기초 물리학 강의를 맡았습니다. 그는 이때가 강의 생활을 통틀어 가장 잘 가르친 해였다고 말하며 아마 학생들이 그의 열정에 감동 받아 열심히 공부했을 것이라고 했습니다. 밀리컨은 이를 계기로 평생 동안 학생을 가르치는 일과 물리학 교재를 쓰는 데 많은 노력을 기울였습니다.

　그는 콜롬비아 대학교에 들어가 물리학을 전공하고 1895년, 박사 학위를 취득했는데 이는 콜롬비아 대학교에서 물리학 박사 학위를 최초로 수여한 경우였다고 합니다. 밀리컨은 학위 취득 후 유럽으로 유학을 떠났습니다. 독일 괴팅겐 대학교에서 연구를 하고 있을 때, 시카고 대학교의 마이컬슨(마이컬슨–몰리 실험의 마이컬슨)으로부터 초청을 받았습니다. 그는 밀리컨이 시카고 대학교로 오면 실험에 전념할 수 있도록 도와주겠다는 약속을 했고 밀리컨은 시카고 대학교로 옮겨 여러 전기 현상에 대한 연구를 시작했습니다. 하지만 그는 기초 물리학 교과서를 쓰는 데 많은 시간을 보냈고 그의 강의는 학생들에게 매우 인기가 있었습니다.

그는 강의 활동과 교과서 집필에 많은 시간을 할애했기 때문에 중요한 논문을 쓸 기회가 많지 않았습니다. 그래서 대부분 과학자들이 32세 전후에 정교수가 되는 것에 비해 그는 38세에도 조교수 밖에 되지 못했습니다. 그래서 밀리컨은 1909년, 중요한 실험을 해야겠다고 결심하고 당시 많은 사람들이 도전했던 전자의 전하량 측정 실험을 시작하게 되었습니다. 그는 앞에서 언급한 것과 같이 제자인 플레처와 함께 혁신적인 방법으로 전자의 전하량을 측정했고, 많은 과학자들에게 인정을 받았습니다.

1921년, 밀리컨은 캘리포니아 공과대학(칼텍)의 학장으로 취임하였고 1945년까지 근무하였습니다. 말년에는 주로 우주선에 대한 연구를 했고 1953년 12월 19일, 85세의 나이로 캘리포니아 산마리노 자택에서 세상을 떠났습니다.

하비 플레처

하비 플레처는 1884년 9월 11일, 유타주에서 태어났습니다. 그는 1907년에 브리검 영 대학교를 졸업하고 시카고 대학교로 진학해 밀리컨의 제자로 석사와 박사 과정을 마쳤습니다. 그의 박사 과정 연구는 위에서 언급한 기름방울 실험으로 전자의 전하량을 측정하는 일이었습니다.

그가 시카고 대학원을 졸업할 때, 학교 최고의 영예인 숨마쿰라우데로 졸업했는데 이는 물리학과 최초의 일이었다고 합니다. 그는 모교인 브리검 영 대학교로 돌아와 물리학과 학과장으로 취임했습니다.

모교에서 5년 동안 강의를 한 후, 그는 뉴욕의 웨스턴 일렉트릭사로 옮겨 음향에 대한 연구를 시작했습니다. 그는 이곳에서 많은 성과를 올려 벨 연구소(Bell Telephone Laboratory) 물리 부분 연구소장이 되었고, 연구 결과를 담은 저서 『Speech and Hearing』를 발간했습니다. 이 책은 곧 해당 분야의 명저가 되었지요. 또한 웨스턴 일렉트릭사에서 보청기를 만들었는데 이것은 진공관으로 만든 세계 최초의 보청기였습니다. 그가 만든 보청기 중 처음 만든 모델을 토머스 에디슨에게 기증했습니다.

플레처의 또 다른 업적으로는 세계 최초로 입체 음향 방송을 가능하게 한 것입니다. 특히 1939년에는 지휘자 스토코프스키와 함께 뉴욕 카네기 홀에서 음향을 담당했는데, 솔트 레이크 시의 태버내클 합창단의 합창을 입체 음향으로 녹음한 뒤 청중들에게 들려주어 호평을 받기도 했습니다.

후에 미국음향협회를 창설했고 토머스 에디슨과 함께 명예회원으로 선출되었습니다. 이외에도 여러 학회나 협회의 명예회원으로 추대되었고 미국 물리학회의 회장직도 역임했으며 할리우드에 있는 미국 영화 아카데미로부터 상을 받았습니다.

그는 콜롬비아 대학교, 스티븐스 연구소, 캐니언 대학교, 유타 대학교, 브리검 영 대학교 등으로부터 명예박사학위를 받았습니다. 1967년에는 음향 물리학과 전자 기술에 대한 창조적인 공헌과 유명 연구소의 탁월한 운영 기술로 IEEE(국제 전기전자 기술자 협회)에서 창립자 메달을 받았습니다. 또 브리검 영 대학교의 공과대학을 설립했고 초대 학장을 지내기도 했습니다. 대통령 표창과 미국 과학 아카데미 금상 등을 받은 플레처는 1981년 7월 23일, 심장마비로 사망했습니다.

12장

진공관의
발명

토머스 에디슨

존 플레밍

리 디포리스트

진공관 발명의 배경

진공관은 20세기 전자공학과 가전 산업 발전에 근본적인 역할을 한 중요한 발명품입니다. 20세기 초 진공관이 발명되기 전에는 조금 다른 형태의 진공관, 곧 방전관이 19세기 중반부터 과학 실험이나 특수 효과를 위해 널리 사용되었지요.

처음에는 공기와 같은 기체를 넣은 관 안에서 두 전극 사이에 높은 전압을 걸면 전류가 흐르는 것이 발견되었습니다. 독일의 요한 히토르프는 유리관 안에 전극을 넣은 다음 진공 펌프를 이용해 최대 한도인 10^{-3} 기압까지 공기를 빼고 전압을 걸었습니다. 이때 음극이 푸른색으로 빛나는 것을 발견했지요. 그래서 이 관은 음극선관이라는 이름을 갖게 되었습니다.

그 후 영국의 윌리엄 크룩스는 보다 개선된 진공 펌프를 이용해 10^{-6} 기압까지 공기를 뺀 다음 실험을 했습니다. 이때 음극과 양극 사이에 놓은 물체의 그림자가 양극 쪽 유리벽에 생기는 것을 보고 음극에서 나온 물질이 직선으로 움직인다는 사실을 알아냈습니다. 그는 이것을 물질의 또

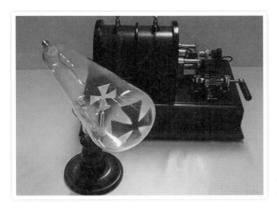

크룩스의 말티제 십자가 음극선관
십자가의 그림자가 유리관에 나타난다.

다른 상태(제 4의 상태)로 생각하고 빛나는 물질이라고 했습니다(58쪽 참고).

그 후 1895년에 독일의 뢴트겐은 방전관을 이용한 실험을 하다가 X선을 발견하였고 1897년에는 영국의 톰슨이 방전관으로 전자를 발견했습니다. 전자의 발견은 진공관의 발명에도 큰 기여를 했지요.

음극선관의 음극은 가열하지 않은 상태의 금속판을 이용한 것으로 높은 전압을 걸어 공기를 이온화시킨 다음 전류가 흐르도록 한 것입니다. 그래서 전류를 흐르게 하는 데 사용된 전압은 보통 몇천 볼트에서 몇만 볼트에 이르는 고전압이었습니다.

토머스 에디슨(Thomas Edison)은 1880년, 백열전구의 유리관 내벽이 필라멘트에서 나온 탄소(카본)가 붙어 까맣게 변하는 현상을 보고 이를 없애려 했습니다. 여러 방법으로 연구하던 그는 백열전구 안에 전극을 하나 더 넣고, 전극에 (+)전압을 걸었을 때만 전구에 불이 들

토머스 에디슨

어오고 전류가 흐르는 것을 발견했습니다. 반대로 (-)전압을 걸면 전류가 흐르지 않았지요. 이 현상은 에디슨 효과라고 불렸습니다.

앞서 말한 것처럼 이는 톰슨이 발견한 전자에 의해 일어나는 현상임이 밝혀졌습니다. 당시 에디슨이 사용하던 백열전구의 필라멘트는 전류에 의해 높은 온도로 가열되어 있었기 때문에 열운동에 의해 표면에서 전자들이 튀어나오게 된 것이지요. 이렇게 열을 가했을 때 물체 표면에서 전자가 나오는 현상을 열전자 현상이라고 하고, 이 전자를 열전자라고 부릅니다. 그러므로 가열된 전구 안의 필라멘트에서는 많은 열전자가 발생합니다. 물론 열전자는 광전 효과에서 나오는 전자와 동일하며, 단지 발생 원인이 열이어서 열전자라고 부를 뿐입니다.

가열된 필라멘트를 사용하면 열전자가 발생하므로 음극선관처럼 높은 전압을 걸어 줄 필요가 없습니다. 아주 높은 전압으로 기체를 이온화시켜 전류를 흐르게 할 필요가 없다는 말이지요. 그저 열을 가해 주면 낮은 전압에서도 열전자는 가속되어 전류가 흐릅니다.

교류 대신 주로 직류만 사용하던 에디슨은 이 효과의 원인과 활용법에 대해서는 큰 관심이 없었습니다. 대신 직류를 이용한 실험을 할 때 직류 전압을 조정할 수 있을 거라 생각했고 이에 대한 특허도 신청했습니다.

에디슨이 열전자의 흐름을 측정하기 위해 만든 특수 전구

이극관의 발명

존 플레밍

에디슨과 달리 영국 런던 대학교의 존 플레밍(John Fleming)은 이 현상을 이용해 교류를 직류로 바꿀 수 있다는 것에 착안했습니다.

그는 1904년에 정류 작용과 검파 작용을 할 수 있는 필라멘트와 플레이트(판으로 된 전극)를 가진 이극관(이극 진공관)을 발명했습니다. 그리고 당시 그가 기술 자문으로 일하고 있던 마르코니사의 무선 통신 신호를 수신하는 데 이극관을 사용했지요. 이극관의 구조는 에디슨의 것과 구조가 동일합니다.

교류는 같은 전극에서도 (+)와 (-)극이 1초 동안 여러 번 바뀝니다. 이렇게 (+)와 (-)극이 1초 동안 바뀌는 횟수를 주파수라고 하며 단위는 전자기파를 발견한 헤르츠의 이름을 따 헤르츠(Hz)라고 합니다. 우리나라 가정에서 주로 사용하는 전류는 교류로 주파수는 60헤르츠입니다. 이것은 1초 동안 전극의 극이 60번이나 바뀐다는 것을 의미합니다.

예를 들어 AM이라고 부르는 중파 라디오는 550~1,600 킬로헤르츠(kHz)까지의 주파수를 이용합니다. 이때 1킬로헤르츠는 1,000헤르츠입니다. 따라서 이 전파는 1초 동안 550,000~1,600,000번까지 극을 바꿉니다.

직류에서는 한쪽이 (+), 다른 한쪽이 (-)로 정해진 반면, 교류에서는 초 단위로 계속 극이 바뀌므로 (+)극과 (-)극을 나누는 것이 의미가 없습니다. 한쪽이 (+)가 되는 순간 반대쪽은 (-)가 되고, 다음 순간에는 정반대가 되

기 때문입니다. 전류는 (+)극에서 (-)극으로 흐릅니다. 그래서 교류에서는
주파수에 따라 전류의 흐르는 방향이 초당 주파수만큼 바뀝니다.

이극관의 정류 작용

그렇다면 이극관이 어떤 원리로 교류를 직류로 바꿀 수 있는지(정류 작
용) 알아봅시다. 이때 주의할 점은 전류의 방향은 전자의 방향과 반대라
는 사실입니다. 전자가 (-)전하를 가졌기 때문에 (+)전하가 흐르는 방향이
전류의 방향으로 정해졌습니다. 따라서 (-)전하를 가진 전자의 흐름과는
반대 방향이 되지요.

아래 그림 중 가운데 그림이 플레이트(애노드)가 필라멘트, 곧 캐소드에
대해 (+)일 때를 나타낸 것입니다. 전자는 (-)전하를 가지고 있어서 플레

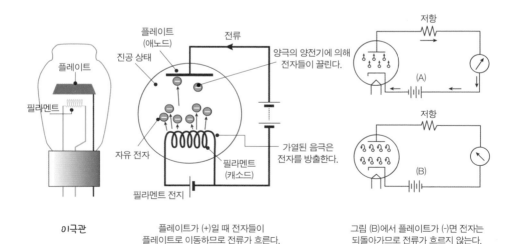

이극관

플레이트가 (+)일 때 전자들이
플레이트로 이동하므로 전류가 흐른다.

그림 (B)에서 플레이트가 (-)면 전자는
되돌아가므로 전류가 흐르지 않는다.

이트 쪽으로 이끌려 이동합니다. 이때 캐소드와 플레이트 사이로 전류가 흐르게 되지요.

오른쪽 그림 (B)처럼 플레이트가 (-)가 되면 전자는 같은 극을 가진 플레이트에서 밀려나 되돌아오고 (+)인 캐소드 쪽으로 이동합니다. 따라서 캐소드에서 나온 전자들은 플레이트로 이동할 수 없기 때문에 전류가 흐르지 않습니다. 정리하면 플레이트가 (+)이고, 캐소드가 (-)일 때만 전류가 흐릅니다.

교류를 이극관에 흘리면 플레이트가 (+)가 되고 캐소드가 (-)가 되는 순간에만 전류가 흐르고 교류의 극이 바뀌어 플레이트가 (-), 캐소드가 (+)가 되는 순간에는 전류가 흐르지 않습니다. 그러므로 회로에는 직류처럼 항상 필라멘트, 곧 캐소드로부터 플레이트 방향으로 전자가 흐르고 반대로는 흐르지 않지요. 따라서 회로는 플레이트가 (+)극이고 캐소드가 (-)극인 직류와 같습니다. 이것이 바로 이극관의 정류 작용입니다.

삼극관의 발명

실제로 진공관이 산업에 영향을 끼치게 된 것은 삼극관의 발명 이후입니다. 삼극관은 이극관에 망으로 된 전극인 그리드를 추가한 진공관입니다. 1907년, 미국의 리 디포리스트(Lee de Forest)가 만들었지요.

리 디포리스트

리 디포리스트의 삼극관 오디온(1906년)

디포리스트는 삼극관이 직류 전압의 증폭 작용을 한다는 것을 발견하고 삼극관을 당시 발전하고 있던 무선 통신에 이용할 것을 제안했습니다. 그의 삼극관은 오디온이라고 불렸습니다.

아래 그림에서 필라멘트는 캐소드를 가열하여 열전자가 나오도록 하는 단순 가열 장치이고 캐소드는 음극이 됩니다. 따라서 캐소드, 그리드, 플레이트가 삼극관의 3극을 이루는 것입니다.

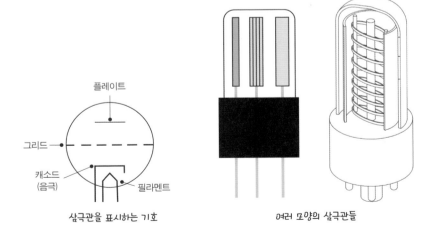

삼극관을 표시하는 기호   여러 모양의 삼극관들

삼극관의 정류 작용

이극관이 정류 작용을 한다는 것은 방금 설명했습니다. 삼극관도 역시 플레이트가 캐소드에 대해 (+)일 때만 전류가 흐릅니다. 전자가 (-)전하를 갖기 때문이지요. 그러므로 삼극관도 정류 작용을 합니다. 아래 그림은 (+)와 (-)가 수시로 변하는 교류(그림 A)가 다이오드(정류소자, 이극관과 같은 작용을 함)를 지날 때(그림 B) (-)쪽은 끊기고 (+)쪽만 흐르는 것을 나타냅니다. 이렇게 토막 난 직류를 맥류(그림 C)라고 합니다. 기호 ⊣⊢는 전지를 나타내는 것으로 긴 쪽이 (+)입니다.

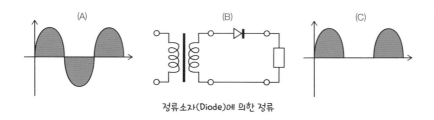

정류소자(Diode)에 의한 정류

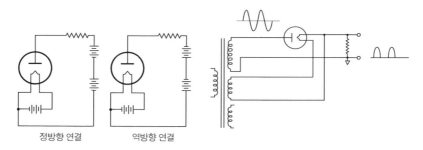

정방향 연결   역방향 연결

진공관에 의한 정류

삼극관의 증폭 작용

삼극관은 이극관에 망으로 된 그리드가 추가된 형태입니다. 플레이트와 필라멘트, 곧 캐소드 사이 빈 공간에 그리드를 넣은 것이지요. 삼극관을 작동시키려면 플레이트 쪽의 전압이 캐소드에 대하여 (+)가 되도록 연결합니다. 그러면 플레이트와 캐소드 사이에 일정한 양의 전류가 흐르게 됩니다. 만약 플레이트가 (-)라면 전류가 흐르지 않습니다. 그리드에는 입력 신호에 따라 약한 (+) 또는 (-) 전압이 걸리도록 연결합니다.

쿨롱의 법칙이란 두 전하 사이에 작용하는 전기적 인력(밀거나 당기는 힘)은 두 전하 사이의 거리 제곱에 반비례하고, 전하의 곱에 비례한다는 법칙입니다. 그리드는 플레이트와 캐소드 사이에 있다고 했습니다. 그러므로 그리드와 캐소드 사이의 거리는 플레이트와 캐소드 사이의 거리보다 더 가깝습니다. 따라서 쿨롱의 법칙에 의해 플레이트에서 멀리 떨어져 있는 캐소드보다 그리드의 전압이 플레이트의 전류에 많은 영향을 미칩니다. 바꿔 말하면 그리드는 전류의 흐름을 조절하는 역할을 한다고 할 수 있습니다.

그리드 전극이 (+)이면 그리드도 전자를 당기기 때문에 플레이트에 흐르는 전류가 증가합니다. 반대로 그리드 전극이 (-)이면 전자들이 밀려 캐소드 쪽으로 되돌아가 전자의 흐름이 억제되고 플레이트에 흐르는 전류가 감소하지요. 이처럼 그리드 전극에 걸린 전압의 극이나 크기에 따라 플레이트에 흐르는 전류가 변하는 것을 알 수 있습니다.

캐소드와 플레이트 사이의 거리보다 그리드와 플레이트 사이의 거리가 더 가깝기 때문에 그리드 전압의 작은 변화는 플레이트에 흐르는 전류에 큰 변화를 일으킵니다. 이를 삼극관의 전류 증폭 작용이라고 합니다.

보통 삼극관을 사용할 때에는 플레이트 전압을 그리드 전압보다 훨씬 높게 걸어 줍니다. 그래서 그리드 전압이 (-)의 최대값을 가지더라도 전류가 흐릅니다.

이러한 삼극관 회로에 저항을 연결하면 저항을 통해 흐르는 전류의 변화 $V=IR$, 곧 옴의 법칙에 의해 전압의 변화로 이어집니다. 그러므로 삼극관은 전압의 증폭 작용을 하는 데에도 사용할 수 있습니다.

삼극관의 발진 작용

플레이트에 흐르는 전류 적당량을 그리드로 되돌려 보내 유입시키면 발진 작용을 합니다. 발진 작용이란 고주파의 전류를 만들어 내는 것을 말합니다. 삼극관이 발명되기 전에는 무선 통신의 전파를 송신하기 위해 코일에 스파크 방전을 일으킬 때 발생하는 전자기파를 이용했습니다.

이때 발생하는 전자기파는 송신에 필요한 주파수 이외의 다른 주파수를 갖는 전파도 함께 발생시킵니다. 그래서 송신을 위한 주력 주파수의 전파는 송신기의 총출력의 극히 일부에 지나지 않지요. 결국 많은 전력이 필요 없는 주파수를 갖는 전파를 만드는 데 낭비되는 것입니다.

하지만 무선 통신 송신기로 삼극관을 이용하면 거의 단일 주파수만을 발생시키는 송신기를 만들 수 있습니다. 발진 작용을 이용해 송신에 필요한 주파수를 만드는 것이지요. 삼극관을 이용한 송신기는 스파크 방전을 일으키는 송신기에 비해 훨씬 적은 전력으로도 먼 곳까지 강한 전파를 보낼 수 있습니다.

또 삼극관의 증폭 작용을 이용하면 미약한 신호를 받아 증폭할 수 있기 때문에 라디오의 발전과 보급에 절대적인 영향을 미쳤습니다. 앞에서 본 프랑크-헤르츠의 실험도 삼극관의 또 다른 이용법이지요. 삼극관은 전기 통신은 물론 과학의 다른 분야에서도 다양한 연구와 실험이 진행될 수 있도록 이끌어 준 멋진 발명품이라 해도 과언이 아닐 것입니다.

삼극관의 증폭 회로

이제는 거의 트랜지스터나 IC(집적회로)로 대체되어서 진공관을 사용한 증폭기를 보기는 조금 어렵습니다. 물론 전자 기타의 증폭기 등은 특유의 음색과 음향 효과를 위해 삼극관을 이용하기도 합니다. 삼극관의 증폭 작용 회로는 다른 전자 회로를 이해하는 데 큰 도움이 됩니다. 아래 그림이 삼극관 증폭 작용에 대한 회로도입니다.

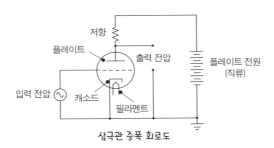

삼극관 증폭 회로도

플레이트와 필라멘트 사이에는 비교적 높은 50~150볼트의 직류 전압이 걸려 있습니다. 앞의 회로에서 전지 기호를 보면 플레이트가 (+)극에 연결된 것을 볼 수 있습니다. 이 상태에서 그리드에 아무런 신호(전압)가 걸리지 않았다면 플레이트는 캐소드에 대해 (+)극이므로 일정한 양의 전류가 플레이트에 흐릅니다.

이때 그리드에 교류 전압을 가진 신호를 걸면 그리드가 (+)일 때는 플레이트 전류가 증가하고, 전압이 0이 되면 플레이트 전류는 아무 신호가 없을 때와 같을 것이며, 그리드가 (-)가 되면 플레이트 전류가 감소합니다. 플레이트보다 캐소드에 더 가까이 있는 그리드의 전하가 캐소드에서 발생한 전자들을 밀치거나 당기는 힘이 더 크기 때문입니다.

이렇게 그리드의 전압 변화가 플레이트에 흐르는 전류 변화로 나타나는 것을 증폭 작용이라 한다고 설명했습니다. 라디오나 텔레비전의 전파가 수신기에 도달할 때는 그 강도가 미약해 소리를 듣거나 화면을 볼 수 없습니다. 반대로 지나치게 강하면 전자레인지처럼 강한 마이크로파가 발생해 모든 도체를 가열하여 우리에게 큰 피해를 줄 것입니다. 한 가지 다행인 것은 이런 전파들이 우리에게 도달할 때쯤에는 아주 약한 상태여서 별다른 해를 끼치지 않습니다.

미약한 전파로는 라디오나 텔레비전에서 소리나 영상을 만들 수 없습니다. 따라서 신호를 크게 만드는 증폭 작용이 필요하지요. 보통 라디오나 텔레비전에서는 삼극관의 증폭 작용을 여러 번 겹쳐서 일어나게 합니다. 그래서 미약한 전파 신호는 몇천 배에서 몇만 배까지 증폭되지요. 지금 우리가 사용하는 라디오나 텔레비전의 수신기에는 진공관 대신 트랜

1. 여러 종류의
   수신용 진공관
2. 현재도 쓰이는 기타
   증폭용 진공관(2AX7)
3. 옛날 진공관
4. 송신용 진공관
5. 초소형 진공관

다양한 형태의 진공관

지스터나 집적회로(IC)가 사용되지만 증폭의 기본 원리는 같습니다.

영상 송신의 발전 과정

텔레비전은 19세기 이후 인류가 이룩한 여러 과학 기술이 결합된 발명품 중 하나라고 할 수 있습니다. 텔레비전을 보기 위해서는 영상을 보내고 받는 과정이 필요합니다. 어떻게 영상을 주고 받는지 그 발전 과정에 대해 살펴봅시다.

텔레비전은 브라운관(CRT, Cathode Ray Tube)으로 불리는 진공관을 거쳐 액정 또는 반도체 기술을 이용한 평판 LCD, LED 패널, 플라스마 형식의 전자식 수상기를 사용합니다.

그런데 영상을 송신하는 최초의 방법은 전자적인 방식이 아니었습니다. 독일의 전기 기술자인 파울 닙코(Paul Nipkow)가 발명한 닙코 원판으로 영상을 주사했지요. 닙코 원판은 두 개의 원판으로 구성되어 있고 각 원판에는 작은 구멍이 나선형으로 뚫려 있습니다. 여기서 주사란 영상의 각 부분을 미세하게 나누어 밝기가 다른 점으로 분해하는 것을 말합니다. 브라운관 텔레비전에서도 영상을 분해하는 것은 닙코 원판과 원리가 같습니다. 단지 닙코 원판처럼 기계적인 것이 아니라 전자빔이 주사선의 역할을 합니다.

닙코 원판과 영상 분해

닙코는 1884년에 영상 분해 장치를 발명했습니다. 그는 영상을 분해하기 위해 일정한 간격으로 구멍이 뚫린 원판을 사용했습니다. 현재 영상 송신의 기본 원리는 모두 이 닙코 원판을 기초로 하고 있습니다. 게다가 작동 원리는 매우 이해하기 쉽기 때문에 다음 설명을 읽으면 텔레비전의 작동 원리를 이해하는 데에 도움이 될 것입니다.

영상의 분해와 송신

영상을 어떻게 분해하고 송신하는지 아래 그림을 보면 쉽게 이해할 수 있습니다.

그림에서 보듯이 원판에는 16개의 구멍이 뚫려 있습니다. 구멍의 간격은 영상이 원판에 그려질 때 생기는 원주상의 길이와 같습니다. 동시에 구멍의 크기만큼씩 원판의 중심 방향으로 들어가 소용돌이를 그리며 뚫려 있지요.

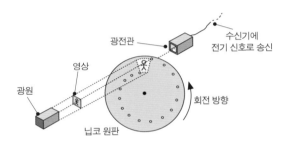

닙코 원판에 의한 영상 분해와 송신

원판이 돌아가면 첫 번째 구멍이 영상의 제일 윗부분을 마치 선을 긋는 것처럼 지나갑니다. 이 선이 다 지나가자마자 다음 구멍은 구멍의 크기만큼 밑으로 내려와 다시 선을 그으며 지나갑니다. 물론 보는 사람에게는 두 번째 선이 잠깐 지나가는 것처럼 보일 것입니다. 이렇게 원판이 한 바퀴다 돌면 각 구멍은 순서대로 영상의 다음 부분을 보여 주게 되고 영상 제일 아래 부분까지 스치면서 보여 줍니다.

이것이 바로 영상의 각 부분을 구멍 크기의 빛으로 변환시키는 과정입니다. 텔레비전의 조사선으로 말하면 16개의 주사선을 가진 진공관과 같습니다. 현재 NTSC(National Television System Committee) 방식을 채택하고 있는 우리나라에서는 주사선의 수가 525개입니다. 유럽에서 주로 사용하는 PAL(Phase Alternating Line, Phase Alternation by Line System) 방식은 주사선의 수가 625개지요. 주사선의 수가 많을수록 영상을 더 잘게 분해할 수 있으므로 더 명확한 영상을 얻을 수 있습니다. HD TV(High-Definition television)는 1050~1,200개의 주사선이 있어 화면의 선명도가 월등히 높고 UHD TV(Ultra High Definition television)는 HD TV보다도 더 많은 주사선을 가져 초고해상도의 화질을 자랑합니다.

우리의 눈은 잔상 효과라는 현상, 곧 영상이 사라져도 눈이 영상을 잠깐 동안 유지·기억하는 특성이 있습니다. 그래서 약 $1/16$초 내로 같은 영상을 계속 되풀이하면 눈을 깜빡이지 않고 보고 있다고 느끼게 됩니다. 영화나 애니메이션 등에서도 같은 현상을 이용해 조금씩 다른 영상을 비추어 연속적인 영상처럼 보이게 합니다.

각각 분해된 영상의 빛은 광전관에 의해 전류로 바뀝니다. 밝은 빛은 더 강한 전류로, 흐린 빛은 약한 전류로 바뀐 후 증폭 과정을 거쳐 수신기로 송신됩니다.

영상의 수신

분해한 영상을 수신하는 방법은 간단합니다. 앞의 과정을 정반대로 하면 됩니다. 수신 회로를 통해 받은 전기 신호를 증폭하고 네온관처럼 전기적 변화에 의해 순간적으로 밝기가 변하는 전구에 신호(전압)를 입력하면, 그 신호에 따라 밝기가 변하며 깜빡입니다. 이 빛이 원판을 통과하도록 하면 아래 그림처럼 영상이 나타납니다.

단, 이때 송신 측의 원판과 수신 측의 원판은 같은 것을 사용해야 합니다. 크기는 달라도 되지만 구멍을 뚫은 간격, 구멍 수, 구멍 위치, 회전 속도가 정확하게 일치해야 합니다. 이를 동기화라고 합니다. 만약 원판의 회전 속도가 서로 다르면 영상은 밝고 어두운 점들이 무작위로 분포한 것처럼 보입니다. 또 구멍의 위치가 서로 다르면 영상이 일그러져 보이지요. 따라서 두 원판의 동기화는 매우 중요합니다. 종종 현대의 텔레비전에서도 송수신 쪽의 동기화가 제대로 되지 않으면 영상이 흐트러지는 것을 볼 수 있습니다.

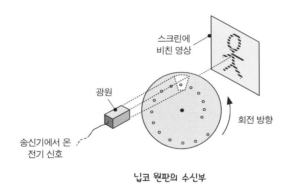

닙코 원판의 수신부

이것이 세계 최초로 영상을 멀리 전송한 방법입니다. 닙코의 영상 분해 방법은 스캔하는 방법만이 다를 뿐 지금까지도 그 원리가 적용되고 있습니다. 1860년에 독일에서 태어난 닙코가 닙코 원판을 발견한 것은 1883년, 크리스마스 밤이었습니다. 그가 등불을 켜 놓고 방 안에 앉아 있었는데 불현듯 그림을 모자이크로 분해해야겠다는 생각이 떠올랐다고 합니

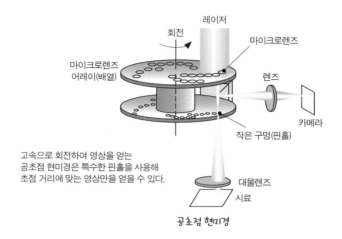

고속으로 회전하여 영상을 얻는
공초점 현미경은 특수한 핀홀을 사용해
초점 거리에 맞는 영상만을 얻을 수 있다.

공초점 현미경

다. 후에 특허를 취득했지만 아무도 그의 아이디어를 실용화하진 못했습니다. 40여 년 후인 1925년에 독일 베어드 텔레비전사가 닙코 원판으로 최초의 영상을 방송한 것이 그가 본 첫 영상이라고 합니다. 닙코는 발명을 하고 특허까지 받았지만 직접 영상을 송신해 볼 생각은 하지 않았던 것입니다.

1937년에 영국 BBC 방송국이 처음으로 전자식 텔레비전 영상을 내보낸 후, 닙코의 방식은 급격히 쇠퇴했습니다. 현재 닙코 원판은 공초점 현미경의 전자 영상을 찍는 데 사용됩니다.

브라운관의 원리

브라운관은 음극선관을 발명한 독일의 물리학자 카를 브라운(Karl

Braun)의 이름을 딴 것입니다. 브라운관은 진공관과 같은 원리에 의해 전자총에서 전자가 빔의 형태로 발사되어 형광 물질을 입힌 화면에 부딪혀 영상을 보여 줍니다.

아래 그림 (B)와 같이 전자빔은 전기장과 자기장에 의해 형광판에 줄을 긋는 것처럼 지나갑니다. 브라운관에서 주사선으로 상을 만들어 내기 위해서 주사선을 한 줄씩 아래쪽으로 내려가며 나란하게 주사합니다. 이를 계속 되풀이하면 화면 전체를 주사하게 되지요. 이 방식은 기본적으로 닙코 방식과 다를 것이 없습니다. 우리나라에서는 이러한 주사선이 525로 지정되어 있습니다.

아래 그림 (C)는 브라운관에서의 주사 순서를 나타낸 것입니다. 여기서

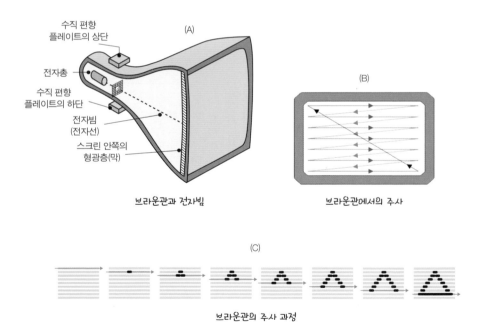

브라운관과 전자빔

브라운관에서의 주사

브라운관의 주사 과정

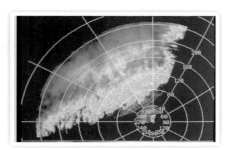

1. 오실로스코프
2. 레이더 영상
3. 1922년에 개국한 세계에서 가장 오래된 영국의 BBC 방송국

빨간선은 전자빔이 주사하는 것이고 검은색 점은 영상입니다. 주사선이 점점 아래로 내려가며 주사하면 영상이 위에서부터 나타나는 것을 알 수 있습니다.

브라운관은 카를 브라운이 1897년에 발명한 것입니다. 브라운은 라디오 발전에도 크게 기여했으며 광석수신기로 불리는 전파 수신기도 발명했습니다. 그는 전기 통신 분야의 업적을 인정받아 1909년, 이탈리아의 마르코니와 함께 노벨 물리학상을 수상했습니다.

브라운관은 대표적인 영상용 진공관으로 텔레비전 외에도 오실로스코프나 레이더의 영상을 나타내는 데도 사용됩니다. 또한 PDP, LCD, LED

등의 평판 디스플레이 장치가 나오기 전까지는 텔레비전뿐만 아니라 컴퓨터 모니터 등 많은 곳에서 사용되었습니다.

13장

원소 변환과
핵폭탄

프레더릭 소디

엔리코 페르미

레오 실라르드

오토 한

리제 마이트너

원소 변환과 연금술

인간은 옛날부터 철이나 납과 같은 흔한 금속을 이용해 귀금속인 금을 만들고 싶어 했습니다. 금속이나 화합물을 섞어 금을 만들려는 실험을 연금술이라 하고, 연금술을 행하는 사람을 연금술사라고 불렀지요. 특히 중세 유럽에서 연금술이 성행했는데, 연금술사들은 다양한 물질을 섞어 가열하거나 화학 처리를 하면 금을 만들 수 있을 것이라고 생각했습니다. 영국의 뉴턴마저도 연금술에 관심이 많았다고 합니다.

그러나 18세기 중반, 프랑스의 라부아지에가 원소의 개념을 도입하고 영국의 돌턴이 현대적인 원자 개념을 주창하면서 한 원소를 다른 원소로 변환시키는 것은 불가능한 일로 여겨졌습니다. 그래서 연금술로는 금을 만들 수 없다는 것이 밝혀졌지요.

현대 물리학의 관점에서 보면 연금술의 주된 실험 무대였던 화학 변화 과정에서, 화합물 간에 교환되는 에너지는 원소 변환을 위해 핵이 분열 또는 결합하는 에너지와는 엄청난 크기 차이가 납니다. 우리가 알고 있는 일반적인 화학 변화 과정은 그 에너지가 몇 전자볼트(일렉트론볼트, eV) 정도인 것에 반해 원소 변환이 일어나기 위해서 필요한 에너지는 몇백만 전자볼트입니다. 이는 보통의 화학적 방법으로 한 원소를 다른 원소로 바꾸는 것은 거의 불가능에 가깝다는 것을 의미합니다.

1전자볼트(eV)는 하나의 전자를 1볼트의 전위차에서 가속시킬 때 전자가 가지는 운동 에너지로 $1eV = 1.602176487(40) \times 10^{-19} J$(줄, joules)과 같습니다. 예를 들어 수소 원자를 이온화하려면 13.6전자볼트가 필요합니다. 보통 분자들의 결합 에너지가 몇 전자볼트인 것에 비하면 핵분열이나 핵융합에 필요한 몇백만 전자볼트의 에너지는 엄청난 크기의 에너지임을 알 수 있습니다.

영국: 어니스트 러더퍼드와 프레더릭 소디

20세기 초인 1902~1904년, 러더퍼드가 캐나다 맥길 대학교에 있었을 때 옥스퍼드 대학교에 있던 프레더릭 소디(Frederick Soddy)가 러더퍼드와 함께 연구하기 위해 캐나다로 왔습니다. 소디는 강한 방사성을 지닌 토륨

어니스트 러더퍼드　　　프레더릭 소디

(Th)이 방사능 붕괴 후 라듐(Ra)으로 변하는 것을 발견했습니다. 이것이 한 원소가 다른 원소로 바뀌는 원소 변환 과정을 처음으로 관찰한 사례입니

다. 전하는 바에 따르면 소디가 처음 이 과정을 발견했을 때, 러더퍼드에게 달려가 이렇게 말했다고 합니다.

"러더퍼드씨, 이것은 원소 변환(transmutation)입니다!"
"소디! 제발 그걸 변환이라고 부르지 말게. 사람들은 우리를 연금술사로 여기고 가만두지 않을 걸세!"

소디는 아인슈타인이 노벨 물리학상을 타던 1921년, 노벨 화학상을 수상했습니다.

1919년에 러더퍼드는 라듐과 같은 방사성 물질이 공기 중에서 산화하는 것을 방지하기 위해 질소 안에 저장했습니다. 그런데 얼마 뒤 질소가 산소와 수소로 바뀐 것을 발견했습니다. 방사성 물질이 붕괴하면서 나온 알파입자(헬륨핵)가 질소의 원자핵과 반응하여 핵변환을 일으켜 산소와 수소로 바뀐 것입니다. 알파입자에 의한 질소의 핵변환은 인간이 최초로 인공적인 핵변환 반응을 관찰한 것입니다. 현재는 인공적인 핵변환을 위해 주로 중성자를 이용하는데 중성자는 베릴륨(Be)을 알파입자로 붕괴시켜 얻을 수 있습니다.

러더퍼드가 발견한 핵변환을 식으로 쓰면 $^4He_2 + ^{14}N_7 = ^{17}O_8 + ^1H_1$로 나타낼 수 있습니다. 여기서 $^4He_2$는 헬륨핵인 알파입자인데, 4는 원자량, 2는 원자 번호입니다. $^{14}N_7$에서 14는 원자량, 7은 원자 번호지요. 원자 번호 7번인 원소는 질소(N)이므로 $^{14}N_7$로 나타낸 것입니다.

러더퍼드의 발견 이후 유럽의 과학자들은 원소의 인공 변환에 대해 관심을 가지고 연구를 시작했습니다. 그중에는 퀴리 부인의 딸인 이렌 졸리오 퀴리와 그녀의 남편인 프레데리크 졸리오 퀴리도 있었습니다. 이렌 퀴리와 프레데리크 졸리오는 결혼 후 그들의 성을 졸리오 퀴리로 바꾸었다고 합니다.

프랑스: 이렌 졸리오 퀴리와 프레데리크 졸리오 퀴리

이렌과 프레데리크는 1928년, 이렌의 부모인 마리 퀴리와 피에르 퀴리가 발견한 폴로늄과 라듐으로 실험을 했습니다. 그 결과 양전자(positron)와 중성자(neutron)를 발견했으나 실험 결과를 잘못 해석

이렌 졸리오 퀴리　　프레데리크 졸리오 퀴리

해 이것이 양전자와 중성자인 것을 몰랐습니다. 1931년에 앤더슨이 안개상자를 이용해 우주선에서 양전자를 발견했고 1932년에는 영국의 채드윅이 중성자를 발견함으로써 이렌과 프레데리크의 선구적인 발견의 공적은 앤더슨과 채드윅에게 넘어갔습니다.

하지만 졸리오 퀴리 부부는 낙심하지 않고 원소의 인공 변환에 대한 연구를 계속했습니다. 1934년에 그들은 붕소(B)로부터 방사성 질소를 만들고 또 알루미늄에서 인의 방사성 동위 원소를, 마그네슘에서 실리콘을 만들 수 있었습니다. 두 사람은 처음으로 인공 방사능 물질을 생산한 것이

지요. 비록 금은 아니었지만 한 원소를 다른 원소로 바꾼다는 연금술사의 꿈을 이룬 셈입니다. 인공적인 원소 변환의 업적을 인정받아 노벨상 위원회는 1935년, 이렌과 프레데리크에게 노벨상을 수여했습니다. 이후 이렌은 소르본 대학교의 정교수가 되었습니다.

1934년, 졸리오 퀴리 부부의 실험 이후 자연 상태로는 존재하지 않는 수많은 동위 원소들이 인공적으로 만들어졌는데, 이 원소들은 모두 방사성을 띠고 있습니다. 다시 말하면, 만들어진 동위 원소 중 적어도 하나는 방사성을 띠고 있는 것을 확인한 것입니다. 예를 들어 수소의 동위 원소인 $^3H_1$(삼중수소, 트리튬)도 방사능을 가지고 있습니다.

베릴륨을 붕괴시켜 중성자를 얻는 방법은 1932년, 제임스 채드윅이 중성자를 발견했을 때 이루어진 것으로 원자핵 변환식으로 나타내면 $^9B_4 + ^4He_2 = ^{12}C_6 + ^1n_0$($^1n_0$는 중성자)와 같습니다.

졸리오 퀴리 부부의 실험은 다른 과학자들이 원소 변환에 관심을 갖게 하였고 많은 연구와 실험을 하는 계기가 되었습니다.

원소 변환 실험에서 처음 사용했던 고속의 입자들은 거의 다 (+)로 대전된 상태였습니다. 예를 들어 수소의 원자핵인 프로톤과 중수소의 원자핵인 듀테론, 헬륨의 원자핵인 알파입자 등이 있습니다. 하지만 (+)로 대전된 입자들은 같은 (+)전하를 가진 다른 원자핵을 만나면 강한 전기적 척력 때문에 가까이 갈 수 없어 핵반응을 일으키기가 무척 어려웠습니다.

1932년, 러더퍼드의 발표에 따르면 알파입자가 질소 기체를 지날 때 알파입자 약 100,000개당 1개꼴로 질소 원자핵과 반응해 고속의 프로톤이 발생한다고 합니다. 후에 채드윅에 의해 중성자가 발견되면서 (+)를 띠는 입자로 인해 생기는 전기적 척력을 쉽게 극복할 수 있었습니다. 중성자는 전하를 띠지 않기 때문에 전기적 척력을 받지 않으므로 쉽게 원자핵에 접근할 수 있기 때문입니다.

채드윅이 중성자를 발견하자 각국의 과학자들은 경쟁적으로 중성자를 이용한 원소 변환 연구를 시도했습니다. 영국의 러더퍼드-채드윅 팀, 프랑스의 졸리오 퀴리 팀, 독일의 한-마이트너 팀 그리고 이탈리아의 페르미-실라르드 팀이 가장 앞선 팀이었습니다.

이탈리아: 엔리코 페르미와 레오 실라르드

실제로 중성자를 다른 원자핵과 충돌시킨 것은 이탈리아의 엔리코 페르미(Enrico Fermi)와 레오 실라르드(Leo Szilard) 팀이었습니다. 그들은 실험을 통해 고속의 중성자를 바로 다른 원자핵과 충돌시

엔리코 페르미   레오 실라르드

키는 것보다 물이나 파라핀처럼 가벼운 원자 사이를 통과시킨 다음 충돌시켰을 때 다른 원자핵과 반응하는 확률이 더 높은 것을 발견했습니다. 물이나 파라핀을 통과한 중성자는 에너지를 많이 잃어 거의 상온에 있는 다른 기체 분자와 비슷한 운동 속도를 갖습니다. 따라서 원자핵 사이에 머물며 지나가는 시간이 고속의 중성자보다 훨씬 길지요. 속도가 느리기

때문입니다. 결국 느린 중성자가 원자핵과 반응할 확률이 높아집니다.

1934년에 페르미 팀은 우라늄에 중성자를 충돌시켰습니다. 그들은 중성자가 우라늄 핵에 흡수되어 우라늄보다 더 무거운 동위 원소나 우라늄보다 원자 번호가 큰 원소를 발견할 수 있을 것이라 예상했습니다. 앞서 언급한 팀들도 우라늄보다 원자 번호가 큰 원소, 곧 초우라늄 원소가 생길 것으로 추측했습니다. 왜냐하면 우라늄이 중성자를 흡수하면 우라늄의 방사성 동위 원소가 되고, 그 동위 원소가 전자를 내놓는 베타 붕괴를 하면서 원자 번호가 하나 커지기 때문입니다. 우라늄은 원자 번호가 92번으로 그때까지 알려진 원소 중 원자 번호가 가장 큰 원소였습니다.

독일: 오토 한과 리제 마이트너

오토 한   리제 마이트너

하지만 페르미와 함께 연구하던 과학자들이 실험을 다시 수행하고 분석한 결과, 원자 번호 93번인 원소는 찾을 수 없었습니다. 그들 중에는 20여 년 전에 프로트악티늄을 발견한 독일의 오토 한(Otto Hahn)과 리제 마이트너(Lise Meitner)도 있었습니다. 한과 마이트너는 바륨을 이용해 중성자와 충돌한 우라늄을 침전시켜 얻은 물질이 강한 방사능을 띠는 것을 알았습니다. 두 사람은 방사능의 원인이 라듐이라고 생각했습니다. 하지만 침전물을 분리해도 라듐은 찾을 수 없었습니다.

4년 후인 1938년, 한은 그 방사능이 우라늄의 분열로 생긴 바륨 동위 원소 때문일지도 모른다고 생각했습니다. 하지만 동위 원소의 화학적 성질은 모두 같으므로 실제로 방사능을 가진 바륨 동위 원소가 생겼다고 하더라도 분리할 수는 없었습니다.

그때까지 있었던 모든 핵변환은 원자 번호가 1 아니면 2 정도만 달라졌습니다. 만약 우라늄이 중성자의 피폭으로 바륨이 되었다면 원자 번호가 무려 36만큼이나 차이가 나서 과거의 실험들과 비교했을 때 거의 불가능한 일이었습니다. 이것은 우라늄의 원자가 반으로 쪼개진 것을 의미했고 한은 그런 현상은 일어날 수 없다고 생각했습니다. 당시 한과 같이 연구를 하던 마이트너는 독일 나치 정권을 피해 스웨덴의 스톡홀름으로 피난을 간 상황이었습니다,

그래서 한은 실험 결과를 마이트너 대신 프리츠 슈트라스만과 함께 독일 물리학회지에 발표했습니다. 대신 한은 실험 결과를 계속 스웨덴에 있는 마이트너에게 보냈습니다. 덴마크에 있던 닐스 보어를 통해 중성자와 충돌한 우라늄으로부터 바륨이 생성된다는 것을 들은 그녀는 조카인 오토 프리슈와 함께, 한의 실험 결과는 우라늄이 바륨과 크립톤으로 분열한 것이라고 해석하고 이를 핵분열이라고 발표했습니다. 프리슈는 1939년, 실험을 통해 이를 증명해 냈습니다.

또한 마이트너는 핵분열이 일어날 때 아인슈타인의 공식($E = mc^2$)에 의해 막대한 에너지가 발생하고 상당수의 중성자도 함께 나올 것이라고 했습니다. 원자 번호가 클수록 핵에는 양성자에 비해 더 많은 비율로 중성자가 존재하기 때문입니다. 예를 들어 칼슘은 20개의 양성자와 20개의

중성자를 가지므로 그 비율이 1:1입니다. 그런데 우라늄 동위 원소 중 자연계에서 가장 많은 우라늄-238은 146개의 중성자와 92개의 양성자를 갖습니다. 그 비는 146:92, 약 1.6:1로 중성자가 더 많습니다. 따라서 우라늄이 핵분열하여 두 개의 가벼운 원소로 나누어지면 여분의 중성자가 생깁니다. 결국 남은 중성자들은 또 다른 우라늄과 충돌하여 핵분열을 일으키고 이 반응은 연속적으로 일어날 수 있음을 알 수 있습니다. 이렇게 최초로 일어난 원자 분열로 생긴 중성자가 다른 원자핵과 부딪혀 다음 원자를 분열시키는 것을 연쇄 반응이라고 합니다.

한과 슈트라스만의 발표에 이어 마이트너의 논문이 발표되자 과학계는 크게 긴장했습니다. 핵분열로 발생한 에너지를 이용해 폭탄을 만들 수 있으니까요. 게다가 당시는 제 2차 세계대전 직전이었고 히틀러의 나치 정권이 핵폭탄을 먼저 만들 수도 있었기에 페르미와 공동 연구를 했던 레오 실라르드는 에드워드 텔러와 유진 위그너와 함께 아인슈타인을 찾아갑니다.

그들은 당시 미국 프린스턴 대학교에 있던 아인슈타인을 설득해 프랭클린 루스벨트 대통령에게 폭탄을 먼저 만들도록 권유하는 편지를 보내도록 했습니다. 편지를 받은 루스벨트 대통령은 원자 폭탄을 만들기 위한 맨해튼 프로젝트를 지시했고, 그 결과 일본의 히로시마와 나가사키에 떨어진 원자 폭탄이 만들어졌습니다.

다음은 아인슈타인이 루스벨트에게 보낸 편지 사본입니다. 1939년 8월 2일에 작성된 이 편지로 인해 세계 최초의 원자 폭탄이 만들어졌습니다. 내용이 궁금한 사람은 직접 번역을 하거나 부록(266쪽)을 참조하세요.

Franklin D. Roosevelt,
President of the United States,
White House Washington, D. C.

Sir:

Some recent work by E. Fermi and L. Szilard, which has been communicated to me in a manuscript, leads me to expect that the element uranium may be turned into a new and important source of energy in the immediate future. Certain aspects of this situation which has arisen seem to call for watchfulness and, if necessary, quick action on the part of the Administration. I believe therefore that it is my duty to bring to your attention the following facts and recommendations:

In the course of the last four months it has been made probable - through the work of Joliot in France as well as Fermi and Szilard in America - that it may become possible to set up a nuclear chain reaction in a large mass of uranium, by which vast amounts of power and large quantities of new radium-like elements would be generated. Now it appears almost certain that this could be achieved in the immediate future.

This new phenomena would also lead to the construction of bombs, and it is conceivable - though much less certain - that extremely powerful bombs of a new type may thus be constructed. A single bomb of this type, carried by boat and exploded in a port, might very well destroy the whole port together with some of the surrounding territory. However, such bombs might very well prove to be too heavy for transportation by air.

The United States has only very poor ores of uranium in moderate quantities. There is some good ore in Canada and the former

Czechoslovakia, while the most important source of uranium is Belgian Congo.

In view of this situation you may think it desirable to have some permanent contact maintained between the administration and the group of physicists working on chain reactions in America. One possible way of achieving this might be for you to entrust with this task a person who has your confidence and who could perhaps serve in an inofficial capacity. His task might comprise the following:

a) to approach Government Departments, keep them informed of the further development, and put forward recommendations for Government action, giving particular attention to the problem of securing a supply of uranium ore for the United States;

b) to speed up the experimental work, which is at present being carried on within the limits of the budgets of University Laboratories, by providing funds, if such funds be required, through his contacts with private persons who are willing to make contributions for this cause, and perhaps also by obtaining the co-operation of industrial laboratories which have the necessary equipment.

I understand that Germany has actually stopped the sale of uranium from the Czechoslovakian mines which she has taken over. That she should have taken such an early action might perhaps be understood on the ground that the son of the German Under-Secretary of State, von Weizsacker, is attached to the Kaiser-Wilhelm-Institute in Berlin where some of the American work on uranium is now being repeated.

Yours very truly,

Albert Einstein

오토 한은 우라늄의 핵분열 반응을 발견한 공로로 1944년, 노벨 화학상을 수상했습니다. 그러나 마이트너가 함께 노벨상을 받지 못한 것에 대해 과학계에서는 많은 논란이 있었지요. 왜냐하면 한이 핵분열 반응을 한 실험들도 대부분 마이트너와 함께 했었고, 또 방사성 바륨의 생성 원인이 우라늄의 핵분열로 인한 것이라는 결론을 내리지 못할 때에도 마이트너의 도움을 받았기 때문입니다. 게다가 그녀가 아인슈타인의 공식을 이용해 핵분열 시 발생하는 에너지도 계산했으므로 더더욱 한의 단독 수상은 아쉬운 부분이었습니다.

마이트너는 이후에도 노벨상을 받지는 못했지만 1925년에 독일의 리벤 상, 1949년에 막스 플랑크 메달, 1966년에 엔리코 페르미 상을 수상했습니다.

후에 미국 정부는 원자 폭탄을 만드는 맨해튼 프로젝트에 마이트너가 참여해 줄 것을 요청했으나 그녀는 핵분열이 전쟁 무기 생산에 이용되는 것에 반대해서 참여하지 않았다고 합니다.

원자핵의 연쇄 반응

우라늄 중 우라늄-235는 유일한 핵분열 동위 원소입니다. 앞에서 설명한 바와 같이 우라늄, 곧 우라늄-235가 중성자의 포격을 받으면 바륨과 크립톤으로 분열하며 막대한 에너지와 여분의 중성자들이 발생합니다. 이때 여분의 중성자들은 다음 우라늄-235 원자의 핵분열을 일으키는 데 사용됩니다. 핵분열로 발생한 여분의 중성자 중 평균 한 개꼴로 다음 핵분열에 기여한다면, 이 반응은 지속적으로 일어나겠지요. 다시 말해 첫 반응 때와 같은 속도로 반응이 지속됩니다.

그러나 만약 여러 개의 중성자 중 평균 한 개 이상이 다음 핵분열 과정에 참여한다면 그 반응은 시간이 지날수록 더 급격히 늘어납니다. 아래 그림은 우라늄-235가 포격을 받아 분열하는 과정을 나타낸 것입니다.

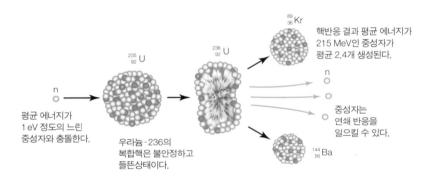

우라늄-235가 중성자의 포격을 받아 핵분열 되는 과정

위 그림처럼 중성자가 우라늄-235를 포격하면 중성자의 무게로 인해 우라늄-235는 원자량이 하나 증가한 우라늄-236이 됩니다. 중성자는 전하가 없으므로 전하의 수로 결정되는 원자 번호는 바뀌지 않고 그대로 92번이지요. 하지만 우라늄-236은 극히 불안정해서 곧 원자 번호 36번 크립톤과 원자 번호 56번 바륨으로 분열됩니다.

이 과정에서 평균 2.4개의 중성자가 나오고 발생하는 총에너지는 평균 약 215MeV(메가전자볼트, 1MeV=1,000,000eV)입니다. 1MeV는 약 3.2×10^{-11}

줄(J)이니 얼마나 많은 에너지가 발생하는지 감을 잡기도 어려울 정도입니다.

첫 반응에서 생성된 2.4개의 중성자가 다른 우라늄-235를 분열시킵니다. 또 2.4개의 중성자가 나오고 또 다른 우라늄-235를 분열시키지요. 시간이 흐르면 흐를수록 분열하는 우라늄-235의 원자핵 수는 기하급수적으로 증가합니다. 아래 그림에서 n이라고 적힌 작은 공이 중성자를 의미합니다. 중성자들이 하나의 우라늄 핵에서 다음 우라늄 핵에 도달하는 시간은 10^{-9}초(나노초)이하입니다.

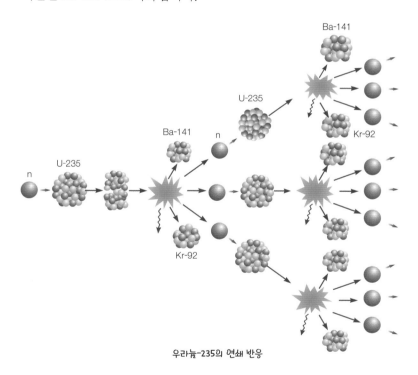

우라늄-235의 연쇄 반응

핵분열 반응이 일어나는 시간이 10^{-9}초(나노초)이므로 1초 동안에 $2.4^{1,000,000,000}$개의 핵분열이 일어납니다. 따라서 1초 동안 발생하는 총에너지량은 $215\text{MeV}\times2.4^{1,000,000,000}$으로 엄청난 양입니다. 이것이 바로 원자 폭탄입니다. 우라늄-235 1킬로그램이 전부 에너지로 바뀌면 TNT 폭약 약 20,000톤, 곧 20,000,000킬로그램이 폭발하는 위력과 같습니다. 물론 이 계산은 아인슈타인의 공식($E = mc^2$)을 사용했지요.

우라늄-235의 핵분열은 자연적으로 일어나지만 그 양이 많지 않을 때에는 생성된 중성자들이 다음 우라늄 핵을 연속적으로 분열시키기 전에 밖으로 빠져나가 연쇄 반응이 지속될 수 없습니다. 그러므로 연쇄 반응을 위해서는 최소한의 우라늄-235가 필요합니다. 이를 임계 질량(Critical mass)이라고 합니다. 바꿔 말하면 핵분열 물질이 연쇄 반응을 할 수 있는 최소의 질량이지요.

이러한 임계 질량은 우라늄 덩어리가 판형인지 구형인지에 따라 크게 달라집니다. 구형일 때 가장 적은 양으로도 임계 질량에 도달할 수 있습니다. 그래서 보통 임계 질량을 말할 때는 물질이 구형일 때를 의미합니다. 우라늄-235의 임계 질량은 약 110파운드(약 52킬로그램)라고 합니다.

자연에서 얻을 수 있는 우라늄의 약 99.3퍼센트는 연쇄 반응이 일어나지 않는 우라늄-238이고 0.7퍼센트만이 우라늄-235입니다. 따라서 원자 폭탄이나 원자로에서 사용하려면 우라늄-235의 농도를 높여야 합니다. 이를 우라늄 농축이라고 합니다.

또 많은 양의 우라늄-238을 장시간 원자로 속에 두면 중성자와 양성자 때문에 94번 원소인 플루토늄이 되는데, 이 플루토늄도 우라늄-235처럼 연쇄 반응이 일어납니다. 따라서 플루토늄도 핵연료로, 또 원자 폭탄으로도 사용할 수 있습니다. 이렇게 자연계에 많이 존재하는 우라늄-238로부터 플루토늄을 얻기 위해 만들어진 원자로를 증식로라고 합니다. 증식로에서는 이미 사용한 우라늄-235보다 더 많은 양의 플루토늄을 만들 수 있으므로 핵연료를 증식하는 셈이 되지요. 증식로라는 이름은 여기서 비롯된 것입니다.

플루토늄은 임계 질량이 우라늄-235보다 작은 약 35.2파운드(약 16 킬로그램)입니다. 플루토늄이나 우라늄의 비중은 약 20(정확히는 19.8)이므로 실제로는 1리터 미만의 플루토늄으로도 원자 폭탄을 만들 수 있지요. 또 플루토늄은 핵분열이 일어나지 않는 우라늄-238로 완전히 둘러싸면 임계 질량이 22파운드(약 10킬로그램)로 줄어든다고 합니다. 세계 여러 나라들이 원자 폭탄의 원료가 되는 우라늄이나 플루토늄의 소재를 엄밀히 감시하고 추적하는 이유는 이처럼 소량으로도 폭탄을 만들어 테러나 전쟁 등에 사용할 수 있기 때문입니다.

원자 폭탄의 원리

원자 폭탄은 연쇄 반응을 일으킬 수 있는 순도 높은 우라늄-235나 플루토늄-239를 임계 질량 이상만 가지고 있으면 간단하게 만들 수 있습니다. 실은 임계 질량 이상으로 가만히 두기만 해도 원자 폭탄이 됩니다. 임계 질량을 넘으면 스스로 연쇄 반응을 일으키기 때문입니다. 그러므로

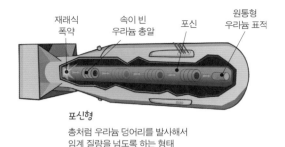

포신형
총처럼 우라늄 덩어리를 발사해서
임계 질량을 넘도록 하는 형태

원자 폭탄을 만들 때에는 임계 질량보다 작은 두 개의 우라늄-235를 서로 떨어지게 두었다가 폭발시켜야 할 때 합쳐지게만 하면 됩니다.

이와 같은 폭탄을 포신형이라고 합니다. 임계 질량보다 작은 우라늄-235가 하나는 원통형으로 들어 있고 다른 하나는 속이 빈 형태로 멀리 떨어져 있습니다. 원자 폭탄을 폭발시킬 때, 화약을 터뜨려 마치 총을 쏘듯 속이 빈 우라늄 '총알'을 원통형 우라늄 쪽으로 보냅니다. 속이 빈 우라늄 총알과 원통형 우라늄이 합쳐져 임계 질량을 넘어서는 순간, 실은 백만분의 일 초 이내에 연쇄 반응이 시작되고 핵폭발이 일어납니다. 실제로 핵폭발에서는 연쇄 반응이 순간적으로 일어나므로 1.5퍼센트 정도의 우라늄만이 핵분열을 하고 나머지는 산산이 흩어지고 맙니다.

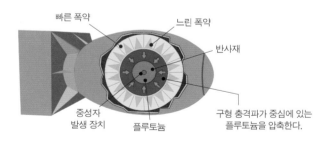

내폭형
플루토늄 덩어리를 압축하여
임계 질량에 이르게 하는 형태

왼쪽 아래 그림은 원자 폭탄의 또 다른 형태로 내폭형이라고 합니다. 가운데 있는 푸른색이 플루토늄으로 주위에 32개의 폭약이 장전되어 있습니다. 이렇게 여러 개의 폭약을 장전한 것은 폭발 시 생기는 압력이 균일하게 플루토늄을 구형으로 압축시키기 위함입니다. 만약 폭발이 균일하게 일어나지 못하면 압축된 플루토늄이 구형이 되지 못합니다. 그래서 같은 양으로도 임계 질량에 미치지 못하게 되고 결국 폭발은 일어나지 않습니다.

　　만약 어느 한쪽의 폭약이 먼저 폭발하면 어떻게 될까요? 폭발한 쪽의 압력이 높아져서 플루토늄이 폭발이 없는 쪽으로 빠져나가 길쭉한 모양이 될 것입니다. 앞에서 구형일 때 최소의 양으로 임계 질량에 도달할 수 있다고 했습니다. 하지만 길쭉한 모양이 되면 임계 질량이 커지고 내부에 들어 있는 플루토늄의 양으로는 임계 질량에 달하지 못해 폭발은 일어

1. 일본 나가사키에 투하된 핵폭탄, 팻보이(Fat Boy)
2. 현대의 핵폭탄
3. 원자 폭탄 실험
4. 수소 폭탄 실험

나지 않습니다. 그러므로 장전된 폭약이 동시에 폭발해야 합니다.

이러한 형태는 폭발 사고를 막는 역할도 합니다. 만약 우연히 장전된 폭약이 폭발한다 해도 모든 폭약이 동시에 폭발할 일은 거의 없기 때문입니다. 이때 말하는 '동시'는 몇십만분의 일 초 이내를 말합니다.

원자로의 작동 원리

핵분열 반응이 일어나면 많은 양의 에너지가 발생합니다. 이때 이용 가능한 에너지(주로 열로 발생함)는 물을 증발시켜 증기로 만든 다음, 발전기를 돌리는 데 사용할 수 있습니다. 이렇게 작동하도록 만든 것이 바로 원자로입니다. 정리하면 원자로는 원자핵이 분열할 때 발생하는 막대한 양의 열을 에너지원으로 사용하는 장치입니다. 핵에너지를 평화적으로 이용하는 가장 대표적인 예라고 할 수 있지요. 세계 최초의 원자로는 1942년, 엔리코 페르미가 만들었습니다.

1938년, 노벨 물리학상을 수상하기 위해 스웨덴의 스톡홀름으로 간 엔리코 페르미는 바로 미국으로 망명합니다. 그는 컬럼비아 대학교의 교수가 되어 그곳에서 실라르드와 함께 연구를 계속합니다. 그는 핵분열 시 나오는 중성자로 핵반응을 지속할 수 있다고 결론 내리고 우라늄과 흑연을 층으로 쌓아 핵분열 반응을 조절할 수 있을 것이라 생각했습니다.

1942년 12월 2일, 페르미는 우라늄과 흑연을 이용해 시카고 대학교에서 세계 최초의 원자로를 가동시키는 데 성공합니다. 당시 그는 중성자의 속도를 낮추고 흡수하는 재료로 흑연을 사용했고 원자로는 우라늄과 흑연을 층으로 쌓았기 때문에 쌓아올린 더미를 의미하는 piles(파일)이라고 불렀습니다. 그래서 이 원자로는 시카고 파일(Chicago pile 1)이라고 명명되었지요.

이렇게 원자력이 전쟁 무기가 아니라 인류에게 에너지를 공급할 수 있는 또 다른 에너지원으로 탄생한 것입니다.

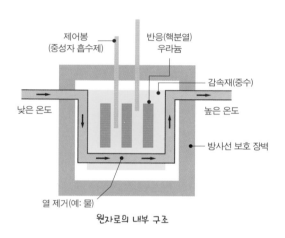

원자로의 내부 구조

위 그림은 원자로의 내부 구조 중 가장 핵심인 노심(Nuclear reactor core)을 나타낸 것입니다. 붉은 색으로 표시된 것은 순도를 높인 우라늄-235봉입니다. 회색봉은 제어봉(Control rods)으로 다음과 같은 방법으로 핵연료의 반응을 조절합니다.

제어봉은 우라늄 봉들 사이를 위아래로 움직일 수 있습니다. 이때 중성자를 흡수해 일정 수준을 넘지 못하도록 하여 우라늄의 핵분열 양을 조절

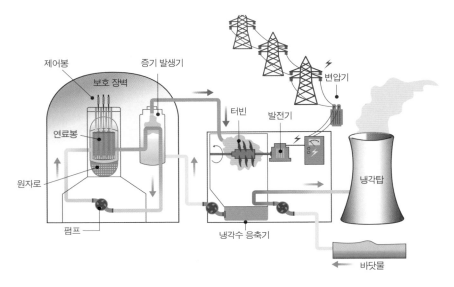

제어봉　　증기 발생기　　　　　　　　　　　　　변압기

보호 장벽

터빈　　발전기

연료봉

냉각탑

원자로

펌프

냉각수 응축기

바닷물

원자력 발전소의 내부 구조

하지요. 만약 이를 조절하지 않고 그대로 증가하도록 두면 과도한 발열로 인해 원자로가 폭발하고 맙니다. 러시아의 체르노빌 원전 사고가 그 예입니다.

제어봉을 너무 많이 올려 더 많은 중성자들이 우라늄 봉에 도달하면 더 많은 열이 발생합니다. 중성자가 급격히 증가하면 물이나 중수가 끓기 시작하고 수증기 방울이 생깁니다. 중성자는 에너지를 잃지 않고 빠른 속도로 우라늄 봉에 도달하므로 앞서 설명한 것처럼 우라늄 핵 주위를 빠르게 지나가 핵분열 반응을 일으킬 확률이 줄어들고 원자로의 출력도 떨어집니다. 이렇게 원자로의 출력을 자동적으로 조절할 수 있습니다.

발생한 열은 열교환기를 통해 보일러에서 중기를 발생시킵니다. 고압 중기는 터빈을 돌리고 터빈은 발전기를 돌려 비로소 원자력 발전이 가능하게 되지요.

우리나라 발전량의 약 $1/3$은 원자력 발전에 의존하고 있습니다. 발전용 원자로는 대개 중수나 물을 감속재로 사용합니다. 그래서 중수로, 또는 경수로라고 부르지요. 가압 경수로는 값이 싼 보통 물을 사용하는 대신 농축 우라늄을 사용해야 해서 값이 비싼 연료가 필요합니다. 반대로 가압 중수로는 천연 우라늄을 사용할 수 있으나 값이 비싼 중수가 필요합니다. 우리나라 원전의 대부분은 가압 경수로이며 월성 2~4호는 가압 중수로입니다. 월성 1호는 우리나라 최초의 가압 중수로 원자력 발전소였으나 2019년 12월, 영구 정지 결정이 내려졌습니다.

원자력 항공모함이나 원자력 잠수함에 사용하는 원자로도 비슷한 원리를 이용합니다. 원자력을 추진력으로 사용하는 항공모함이나 잠수함은 건조 당시 우라늄 연료를 탑재하면 거의 30년간은 연료를 재공급하지 않아도 됩니다. 따라서 장기간 항해할 수 있지요.

선박에 사용하는 원자로는 거의 가압 경수로형 원자로이고, 연료 교체 시기를 늘리기 위해 고농축 우라늄-235를 사용합니다. 보통 한 기의 출력은 50~55메가와트(50,000~55,000킬로와트)로 8만 마력 정도라고 합니다. 보통 한 기의 원자로를 가지나 미국 항공 모함인 엔터프라이즈호의 경우 무려 8기의 원자로를 가지고 있습니다.

세계 최초의 원자력 잠수함인 미국의 노틸러스호는 1955년, 첫 진수되었습니다. 과거의 잠수함 속도는 매우 느렸지만 노틸러스호는 20~25노트

(시속 36~46킬로미터)의 속도로 항해할 수 있었고 몇 주간을 물 위로 올라오지 않고 계속 잠수할 수 있었습니다. 보통 잠수함은 축전지를 통해 수중에서의 추진력을 얻습니다. 축전지가 방전되면 물 위로 올라와 디젤 엔진을 가동해 발전기로 돌려 충전하지요. 그래서 수중에서의 속도도 느리고 잠수하여 항해할 수 있는 시간도 매우 짧습니다. 그러나 노틸러스호와 같은 원자력 잠수함은 연료 탑재나 충전과 같은 문제를 대부분 해결했다고 할 수 있습니다.

14장

질량 분석기의 발명

조지프 존 톰슨

프랜시스 애스턴

아서 뎀프스터

한스 데멜트

볼프강 파울

존 펜

다나카 고이치

질량 분석기 발명의 배경

19세기 후반, 많은 과학자들이 방전관(음극선관)을 이용해 다양한 실험을 했습니다. 그들은 방전관의 음극선이 음으로 대전된 물질처럼 작용한다는 것을 알았고 1897년, 영국의 조지프 존 톰슨은 음으로 대전된 물질이 특별한 물질의 상태가 아니라 새로운 입자인 전자임을 밝혔습니다.

그리고 1886년, 에우겐 골트슈타인은 같은 음극선관에서 양극선(Canal ray)을 발견했고 빌헬름 빈은 이 양극선도 강한 전기장과 자기장에서 휘는 것(편향)을 알아냈습니다. 그리고 톰슨이 전자의 전하 대 질량비를 측정한 것처럼 빈은 1899년에 양극선 입자의 전하 대 질량비를 측

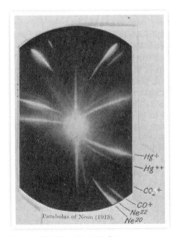

톰슨이 발견한 네온 동위 원소
맨 밑에 있는 두 선이 네온의 두 동위 원소 Ne^{20}과 Ne^{22}이다.

정했는데, 음극선관 안에 들어 있는 기체의 종류에 따라 그 값이 다른 것을 밝혀냈습니다.

전자를 발견한 톰슨은 빈이 만든 장치의 진공 상태를 높여(기압이 낮은 상태) 성능을 개량해 이온을 분리할 수 있는 첫 질량 분석기를 만들었습니다. 톰슨은 이를 이용해 네온의 동위 원소인 Ne^{20}과 Ne^{22}를 발견했습니다. 앞에 나온 사진이 바로 톰슨이 발견한 네온 동위 원소입니다.

톰슨의 선구적인 역할은 제자인 프랜시스 애스턴(Francis Aston)이 이어받았습니다. 애스턴은 제1차 세계대전이 끝난 후, 강한 전기장과 자기장을 갖는 장비를 만들어 분리된 이온들이 사진 필름에 나타나도록 했습니다. 이 방법으로 그는 방사성을 갖지 않는 다른 원소들의 동위 원소도 발견했지요. 이후의 질량 분석기는 뎀프스터, 헤르조

프랜시스 애스턴

그와 베인브리지 등에 의해 원자나 분자들의 이온을 정밀하게 측정하고 분리할 수 있도록 개량되었습니다.

특히 아서 뎀프스터(Arthur Dempster)의 질량 분석기는 이전에 만들어진 다른 것에 비해 100배 이상이나 정밀하게 검사할 수 있었다고 하며, 그의 장비를 이용해 1935년에 우라늄 연쇄 반응이 일어나는 동위 원소 우라늄-235를 발견했습니다. 그의 발견이 있었기에 우라늄을 원자로나 무기의 원료로 사용할 수 있게 된 셈입니다.

질량 분석기는 1940년대에 들어와서 대학이나 실험실뿐만 아니라 일반 회사에서도 사용하기 시작했습니다. 그리고 상업적인 질량 분석기

의 판매도 시작했으나 분석 정밀도가 많이 떨어졌고 가격도 비쌌습니다. 1950년대에는 유기 화합물에 대한 연구가 진행되고 분자 구조에 대해 이해하기 시작하면서 질량 분석기의 중요성이 더 높아졌습니다. 또 이온화된 시료가 전기장 내에서 검출기까지 일정 거리를 이동하는 데 걸리는 시간을 이용해 분자량을 측정하는 비행시간형(TOF, Time Of Flight) 방식이 개발되었습니다. 이후 지금까지 거의 모든 화학 실험실이나 생화학 실험실에서 저렴한 가격의 질량 분석기를 사용할 수 있게 되었지요.

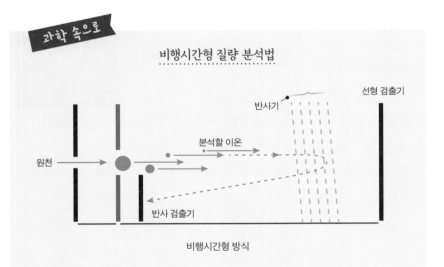

위 그림은 앞에서 언급한 비행시간형(TOF) 질량 분석기의 원리를 나타낸 것입니다. 여기서 장비로 들어오는 이온은 한 가지가 아니고 여러 종류가 섞여 있습니다. 이때 이온들은 같은 전압으로 들어오기 때문에 질량 대 전하의 비가 다른 이온은 속도차가 생깁니다. 따라서 질량 대 전하의 비가 큰 것은 늦고 작은 것은 빠르므로 전기장을 이용해 되돌아가게 하여 검출하려는 이온을 분리할 수 있습니다.

질량 분석기에 관련된 기술은 계속해서 발전했습니다. 그중 가장 중요한 것은 기체 크로마토그래피(Gas Chromatography)일 것입니다. 이 방법은 처음으로 혼합된 화합물들을 일일이 분리하지 않고도 분석할 수 있는 길을 열었습니다. 기체 크로마토그래피법이 현대식 질량 분석법을 크게 발전시켰다고 할 수 있지요. 게다가 유기화학 분야나 생화학 분야에서 질량 분석기가 없었다면 거의 어떠한 연구도 이뤄지지 않았을지도 모릅니다. 그만큼 질량 분석기가 중요한 실험 장비가 된 것입니다.

질량 분석기의 원리

그렇다면 질량 분석기는 어떤 원리로 작동할까요? 이미 알다시피 전하를 가지는 물체는 전기장에서는 서로 반대 극에 이끌리고, 자기장에서는 경로가 편향, 곧 휘어집니다. 또 같은 전하를 띠더라도 질량이 가벼울수록 더 빨리 가속되거나 더 많이 편향되지요. 질량 분석기는 이 성질을 이용해 질량 대 전하(m/e)의 비가 다른 원자나 분자들을 분리해 그 존재를 알아내는 장치입니다. 각기 다른 원소들은 모두 질량 대 전하의 비가 다르기 때문입니다.

먼저 진공 상태에서 기체화된 시료가 주입구를 거쳐 방전관과 같은 관 안으로 들어옵니다. 공기를 빼 고진공 상태가 된 관을 따라 시료가 이동하고 필라멘트는 시료를 가열하여 이온화시킵니다. 이렇게 이온화된 물질의 분자나 원자들은 전기장에 의해 가속되며 강한 자기장 속으로 들어

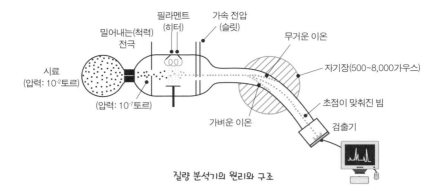

질량 분석기의 원리와 구조

갑니다. 이때 자기장 속으로 들어간 이온들은 질량과 전하의 비에 의해 편향되어 서로 다른 각도로 휘어집니다. 이렇게 해서 특정 질량 대 전하 비를 갖는 이온만이 검출기에 도착합니다.

질량 대 전하의 비가 다른 입자들 중 질량 대 전하의 비가 작은 것(속도가 빠름)은 밑으로, 반대로 질량 대 전하의 비가 큰 것(속도가 느림)은 위로 이동해 흡수됩니다. 따라서 검출기에 도달할 수 없지요.

다시 말해 검출기에 도착한 이온들은 모두 같은 질량 대 전하의 비를 가집니다. 이 질량 대 전하의 비를 알면 그것이 어떤 원소인지 알 수 있지요. 다른 원소는 서로 다른 원자 번호를 가지고, 이는 곧 원자핵의 전하 수가 다르다는 것을 의미합니다.

예를 들어 1번 원소인 수소의 원자핵은 (+)전하 1개만 가지지만 2번 원소인 헬륨의 원자핵은 전하가 2개입니다. 이처럼 서로 다른 원소는 전하의 양과 원자량이 다르므로 질량 대 전하의 비 또한 다릅니다. 동위 원소도 마찬가지입니다. 동위 원소는 전하의 수는 같지만 중성자의 수가 달라 원자량(질량)이 다르므로 역시 질량 대 전하의 비가 다르지요.

초기의 질량 분석기

　질량 분석기는 이러한 방법으로 우리가 알고자 하는 물질이 어떤 원자 혹은 분자인지 알아낼 수 있습니다. 물론 더 복잡한 구조의 분자들도 질량 분석기로 분석하여 어떤 원소들이 결합되었는지 알 수 있습니다. 위의 사진은 초기에 만들어진 질량 분석기를 재현한 것입니다.

　영국의 프랜시스 애스턴은 질량 분석기를 완성하여 1922년에 노벨 화학상을 수상했습니다. 아래 그림은 애스턴이 그의 질량 분석기로 원자량이 다른 동위 원소들을 분리한 것을 나타낸 것입니다. 질량 분석기는 화합

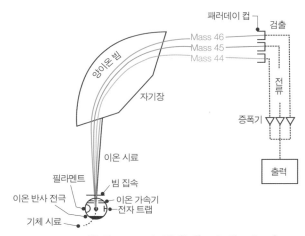

원자량 44, 45, 46의 동위 원소들이 각기 분리되는 모습

물, 특히 유기 화합물의 분석에 없어서는 안 될 귀중한 분석 장비입니다. 그래서 질량 분석기로 유기 화합물들을 분석하는 새로운 방법을 개발한 한스 데멜트(Hans Dehmelt)와 볼프강 파울(Wolfgang Paul)에게 1989년, 노벨 물리학상이 수여되었고 2002년에는 영국의 존 펜(John Fenn)과 일본의 다나카 고이치[田中耕一]에게 노벨 화학상이 수여되었습니다.

보통 과학 분야의 노벨상이라고 하면 나이가 많고 해당 분야에 방대한 지식을 가진 학자들이 받는 것으로 여기기 쉽습니다. 그러나 노벨상을 받은 사람들과 그들의 업적을 살펴보면 대체로 젊고 참신한 생각을 가진 사람들인 경우가 더 많습니다. 아인슈타인이 좋은 예인데, 그는 평생을 연구하고 자신을 20세기 최고의 과학자로 불리게 해 준 상대성 이론으로는 노벨상을 받지 못했습니다. 오히려 광전 효과에 대한 이론으로 노벨상을 받았지요. 그가 특수 상대성 이론의 기초와 광전 효과 이론을 발표한 것은 1905년으로 그의 나이 26세 때였습니다. 심지어 박사 학위를 받았지만 대학에서 가르칠 자리를 얻지 못해 친구의 소개로 스위스 특허청에서 준심사관으로 일하고 있었습니다.

노벨상을 받은 실험들 또한 복잡하거나 실용성 있는 것과는 반대로 아주 간단하고 원리의 핵심만을 나타내는 것들이 많습니다. 앞에서 살펴본 프랑크-헤르츠 실험과 라디오와 텔레비전의 원리를 비교해 보면 쉽게 이해할 수 있습니다. 같은 진공관을 이용한 것이라도 프랑크-헤르츠의 실험은 간단하고 실용성이 적은 반면, 라디오나 텔레비전은 훨씬 복잡하고 여러 과학 원리와 현상을 이용합니다. 또 산업 여러 분야에서 광범위하게 이용되고 있습니다. 하지만 노벨상은 프랑크와 헤르츠가 받았지요.

따라서 노벨상은 복잡한 회로를 발명하거나 어려운 실험을 한 사람들에게만 주어지는 것이 아님을 알 수 있습니다.

유명한 밀리컨의 기름방울 실험 장치나 윌슨의 안개상자는 마치 장난감 같고 실용성은 거의 없다시피 합니다. 하지만 이렇게 간단한 장치를 이용해 최초로 기본 전하량을 측정했고 하전 입자들의 경로를 보여 주었기 때문에 노벨상을 받았으며, 그들의 이름이 과학사에 길이 남게 되었습니다. 또 밀리컨과 기름방울 실험을 함께 한 플레처는 미국물리학회 회장직을 지내며 유명세를 떨치기도 했습니다.

다나카 고이치

다나카 고이치는 1959년 8월 3일, 일본 도야마현에서 태어 났습니다. 도호쿠 대학교를 졸업한 그는 대학원에 진학하지도 않았고 석사나 박사 과정을 따로 밟은 것도 아니었습니다. 심 지어 그는 화학과가 아닌 전자공학과 출신이었습니다.

그는 대학 졸업 후 1983년, 시마즈 제작소라는 정밀기기 제 조 회사에 취직을 했습니다. 입사한 지 일 년 후인 1984년에 단백질 분석 장치 개발 팀에 속 하게 되었는데 그의 나이 25세 때입니다.

그는 단백질 분자를 분리하는 방법 중 하나인 기질보조레이저탈착이온화(MALDI: Matrix - Assisted Laser Desorption Ionization) 방법을 이용해 연구를 시작했습니다. 이는 레이저 광선을, 측정하려는 단백질에 조사해 분자 단위로 분해하는 것으로 당시 학계에서는 레이 저의 열 때문에 열에 약한 단백질이 파괴될 것이라 여겼습니다. 따라서 레이저 광선이 단백질 에 직접 닿아 파괴되는 것을 막고 이온화를 가능하도록 하는 기질(매트릭스)에 대해 연구하 는 것이 매우 중요합니다. 다나카의 연구 주제가 바로 기질에 대한 연구였습니다.

다나카는 여러 가지 완충제를 시험하고 완충제의 비율을 바꾸어 가며 연구했습니다. 약 2년 뒤인 1985년 2월경, 그는 실험을 하다 평소 사용하던 완충제인 글리세린과 코발트 미분 말을 착각하여 섞고 말았습니다. 코발트 미분말은 매우 비싼 재료여서 다나카는 그냥 버리 기엔 아깝다고 생각했습니다. 그는 어차피 버릴 바에야 실험을 하자는 생각으로 비타민 B12 를 섞어 글리세린을 건조시킨 후 레이저를 조사하고 측정하는 실험을 계속했습니다. 실험 결과, 단백질 분자들이 손상되지 않고 분리되어 이온화되는 것을 발견했습니다.

이렇게 우연히 잘못 섞은 시료 덕분에 레이저로 단백질을 이온화시킬 수 있는 방법을 찾 아낸 것입니다. 이때 그가 사용하던 질량 분석기는 앞에서 언급했던 비행시간형 질량 분석기

210

였다고 합니다.

그때 당시 질량 분석기로 분석할 수 있는 분자량은 2,000 정도였습니다. 다나카는 레이저를 이용한 방법으로 곧 분자량이 35,000 이상인 단백질에 대해서도 분석할 수 있었습니다. 하지만 질량 분석기를 만드는 회사는 세계 곳곳에 있었고 정밀한 질량 분석기는 매우 고가였으므로 다나카의 방법을 이용한 질량 분석기의 제품화를 결정하는 것은 쉽지 않았습니다. 시마즈 제작소는 긴 논의 끝에 최종적으로 제품화하기로 결정했습니다.

제품 생산을 결정한 후, 그는 실험 내용을 일본 질량 분석학회에서 발표했으나 별다른 반응이 없었습니다. 하지만 몇 개월 뒤 일본 효고현에서 열린 학회에서 반전이 일어났습니다. 질량 분석계의 세계적 권위자인 존스홉킨스 대학교의 로버트 코터 교수가 연사로 참석하여 "레이저 이온화 질량 분석법은 고속 중성자 충격법이나 플라스마 흡수 분해법과 같이 분자량이 높은 물질을 검출할 수는 없을 것"이라고 발표했습니다.

다나카는 즉시 코터 교수를 찾아가 자신의 실험 결과를 보여 주었고 이것이 계기가 되어 코터 교수는 미국으로 돌아가 학계에 이 사실을 널리 알렸습니다. 당시 다나카가 보여 준 자료에는 분자량 100,000에 달하는 단백질을 분석한 내용이 실려 있었습니다. 코터 교수 덕분에 다나카의 이름은 순식간에 전 세계로 알려졌습니다.

1987년, 다나카는 오사카 대학교의 마츠오 다케키요 교수의 권유에 따라 논문을 하나 발표합니다. 마츠오 교수는 연구 내용을 영문으로 작성하도록 하였고 그는 격주로 발행하는 〈Rapid Communications in Mass Spectrometry〉라는 학술지에 「레이저 이온화 비행시간형 질량 분석기에 의한 분자량 100,000까지의 단백질과 폴리머의 분석」이라는 제목의 논문을 발표했습니다.

그런데 독일 뮌스터 대학교의 미카엘 카라스와 프란츠 힐렌캄프가 공동명의로 「분자량 10,000 이상의 단백질의 레이저 이온화」라는 논문을 다나카의 논문이 실린 학술지보다 훨씬 더 권위 있는 〈Analytical Chemistry〉에 발표했습니다. 이들 논문은 다나카보다 약 3주가량 먼저 실렸다고 합니다. 하지만 노벨상 위원회가 2002년 후보 최종 심사에서 다나카를 선택한 것은 두 독일 교수가 논문에 자신들의 연구가 다나카의 발견에 기초하고 있음을 명백하게 밝히고 있었기 때문입니다. 노벨상이 어떤 원리의 최초 발견자에게 주어진다는 전통을 여기서도 확실하게 보인 셈입니다. 학계에서의 권위나 관련 분야에서의 연구 깊이를 비교했을 때 분명 다나카는 이들 두 교수나 다른 동료 학자들에 비할 바는 아닙니다. 하지만 노벨상 위원회는 다나카의 선구적인 업적을 높이 평가해 그에게 노벨상을 수여했습니다.

이렇게 2002년, 노벨 화학상은 일본의 다나카와 함께 미국 버지니아 대학교의 존 펜, 스위스 연방 공과대학의 쿠르트 뷔트리히가 받았습니다. 같은 해 노벨 물리학상은 도쿄 대학 교수인 고시바 마사토시가 받았는데 수상 당시 그의 나이는 무려 76세였습니다.

다나카의 노벨상 수상은 많은 직장인들은 물론 남의 눈에 띄지 않으면서도 열심히 자신의 일에 몰두하는 사람들에게 큰 용기를 주는 일이었습니다. 아마 이것도 노벨상의 인류에 대한 또 다른 공헌이 아닐까요?

15장

입자 가속기의 발명

존 콕크로프트

어니스트 월턴

로버트 반데그라프

롤프 비데뢰

어니스트 로런스

콕크로프트-월턴 입자 가속기

입자 가속기의 개발은 1920년대 후반부터 빠른 속도로 이루어졌습니다. 바로 전해인 1919년, 영국의 러더퍼드는 라듐에서 나오는 알파입자를 이용해 한 원소를 다른 원소로 변환시킬 수 있음을 보여 주었습니다. 1928년에 조지 가모프는 그가 제안한 알파입자 붕괴 이론에서 하전된 입자들은 원자핵이 이루는, 하전 입자들이 가진 에너지보다 더 높은 전기장의 벽을 뚫고 나올 수 있다는 것을 발표했습니다. 이는 하이젠베르크의 불확정성 원리에 의한 것으로 터널 효과(터널 현상)라고도 합니다.

당시 영국 케임브리지 대학 캐번디시 연구소의 러더퍼드 소장 밑에서 연구하던 존 콕크로프트(John Cockcroft)와 어니스트 월턴(Ernest Walton)은 가모프가 예언한 터널 현상을 관찰하려 했습니다. 두 사람은 20만 볼트의 변압기와 방전관을 이용해 양성자(프로톤)를 가속시켜 계속 목표물에 부딪혀 보았지만 터널 현상은 일어나지 않았습니다. 그들은 전압이 낮은 탓이라 생각하고 콘덴서와 이극관, 1919년에 스위스의 하인리히 그라이

나허가 발명한 전압 배가 회로(배전압 정류 회로)를 이용해 80만 볼트까지 전압을 올렸습니다. 그리고 8피트(약 243.8센티미터)나 되는 긴 방전관 끝에 리튬을 두고 양성자를 발사하여 리튬 원자핵과 충돌시켰습니다. 그 결과 알파입자가 나오는 것을 발견했습니다.

두 사람은 이 현상이 가모프가 말한 터널 효과에 의한 것이 아니라 리튬 원자핵이 양성자와 충돌하여 두 개의 헬륨 원자로 핵분열 했기 때문이라고 해석했습니다. 그때까지만 해도 그들의 설명은 대단히 획기적인 것이었습니다. 원자 번호 3번인 리튬에는 3개의 양성자가 있습니다. 3번인 리튬이 분열하여 헬륨 원자핵(헬륨은 원자 번호가 2번)이 나오면 나머지는 원자 번호가 1번인 수소가 된다고 생각할 수 있습니다. 하지만 예상과 달리 리튬을 분열시키기 위해 사용된 양성자가 분열하고 남은 양성자와 결합하여 2개의 양성자가 있는 헬륨핵이 되었습니다. 그러므로 두 사람의 실험은 가속된 입자를 이용해 인공적으로 핵변환을 일으킨 최초의 실험이라 할 수 있습니다.

콕크로프트와 월턴은 가속된 입자를 이용해 인공적으로 원소를 변환시킨 업적으로 1951년에 노벨 물리학상을 수상했습니다. 이렇게 높은 전압을 이용한 장치의 장점은 단계마다 처음에 걸어 준 전압을 2배씩 증가시켜 매우 간단하고 저렴하게 고압 장치를 사용할 수 있다는 것입니다. 하지만 회로에서 임피던스(impedance, 전류의 흐름을 방해하는 정도)로 인한 저항 때문에 파형이 찌그러지고 전압이 일정하지 않습니다. 또 전압을 올릴수록 출력 전류가 낮아진다는 단점이 있습니다. 그래서 높은 전압과 전류를 동시에 요하는 현재의 입자 가속기 전원으로 사용하는 대신 텔레비전의 고압 회로나 전자 복사기의 전원으로 사용합니다. 아래 그림은 고전압 발생기와 리튬 원자를 분열시켜 헬륨 원자로 만들었던 입자 가속기입니다. 이렇게 입자 가속기는 원자의 인공적인 변환을 연구하는 중요한 장치가 되었지요. 이외에도 반데그라프가 발명한 또 다른 형태의 입자 가속기에 대해 설명할까 합니다.

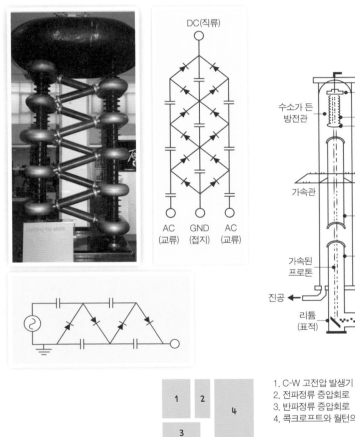

1. C-W 고전압 발생기
2. 전파정류 증압회로
3. 반파정류 증압회로
4. 콕크로프트와 월턴의 입자 가속기

반데그라프와 고압 발생기

로버트 반데그라프(Robert Van de Graaff)
로버트 반데그라프(Robert Van de Graaff)는 1901
년, 미국 앨라배마주의 터스컬루사에서 태어났습
니다. 그는 앨라배마 대학교에서 학사 학위와 석사
학위를 받고 앨라배마 전력 회사에서 엔지니어로 일했습니다. 후에 영국
옥스퍼드 대학교로 유학을 떠났고 그곳에서 박사 학위를 받았습니다.

반데그라프는 프린스턴 대학교에서 박사 후 과정을 밟았는데 이때 정
전기를 발생시키고 발생한 정전기를 모으는 장치를 연구하기 시작했습
니다. 이 장치가 지금 우리가 알고 있는 반데그라프 발전기(반데그라프 정전
기 발생기)입니다. 이 장치는 어떤 원리로 작동하는지 알아봅시다.

반데그라프 발전기의 원리

플라스틱 막대나 유리 막대로 털가죽을 문질러 보세요. 어떻게 되나
요? 막대와 털 양쪽에 정전기가 발생하여 막대에 작은 종잇조각과 같은
물체들이 붙는 것을 볼 수 있습니다. 이것은 두 물체를 문지를 때 정전기
가 발생했기 때문입니다. 겨울에 습도가 낮아 건조한 실내에서 카펫 위
를 걷다가 금속으로 된 손잡이를 만지면 딱 소리와 함께 작은 불꽃이 튀
고 손끝이 따끔한 것을 경험한 적이 있을 겁니다. 바로 신발과 카펫 사이
의 마찰로 인해 정전기가 발생한 것입니다.

우리 몸은 물이 70퍼센트를 차지하고 있어 도체와 마찬가지입니다. 그러므로 발생한 전하는 우리 몸에 고루 퍼져 있다가 손이 또 다른 도체에 닿으면 온몸에 저장되어 있던 전하가 순식간에 접촉한 곳으로 모여 방전됩니다. 이때 한번 방전하면 다시 마찰로 인해 정전기가 발생하기 전까지는 다시 손잡이를 만져도 방전이 되지 않습니다.

반데그라프는 이처럼 마찰에 의해 발생하는 정전기를 모아서 높은 전압을 얻으려고 했습니다. 그는 정전기를 발생시키기 위해 당시 값싼 물건들을 파는 소매상인 페니라는 상점에서 실크 천을 구입했다고 합니다. 정전기를 모으기 위해서 금속으로 된 속이 비어 있는 공을 사용했는데, 그 이유는 금속과 같은 도체에서 전하는 모두 표면으로 이동하기 때문입니다. 다시 말해 금속공의 내부에 전하를 공급해도 전하들은 다 표면으로 이동하고 내부는 전하가 없는 상태가 됩니다. 이는 영국의 패러데이가 발견한 현상으로 패러데이의 새장이라고 합니다. 기억이 나지 않는다면 4장(52쪽)을 참고하세요.

반데그라프 발전기의 구조

현대의 반데그라프 발전기는 마찰 대신 몇천 볼트 정도의 고전압을 이용해 벨트에 정전기를 띠게 만듭니다. 다음 그림을 살펴보면 두 개의 칫솔처럼 생긴 장치가 있습니다. 아래에는 벨트에 정전기를 공급하는 장치입니다. 금속구 안에 있는 칫솔 모양의 금속 장치는 벨트에 있는 전하를 금속구 내부 벽 쪽으로 옮기는 역할을 합니다. 이 벨트는 모터에 의해 계속 회전하며 전하를 금속구 안으로 전달합니다. 이렇게 이동한 전하들은 금속구 표면으로 이동하고 금속구는 곧 높은 전압으로 대전됩니다.

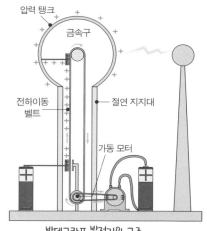

반데그라프 발전기의 구조

아래 사진은 1933년, 반데그라프가 만든 거대한 발전기로 구의 직경이 12미터에 이르고 전압이 8백만 볼트에 달했다고 합니다. 반데그라프 발전기는 1980년 초까지는 여러 연구소에서 입자 가속기 등의 전원으로 사용했으나 현재는 번개와 같은 대기의 정전기 시험용이나 학교의 실험용으로 사용하고 있습니다.

반데그라프와 그의 발전기

미국 보스턴의 과학 박물관에 설치된 반데그라프 발전기가 보여 주는 방전 불꽃

선형 가속기의 발명

1924년까지 발명된 입자 가속기는 높은 전압을 이용해 한 번 가속하는 방식이었습니다. 직류 전압에서 입자를 가속하려면 전압이 높아야 합니다. 하지만 절연 문제 등으로 높은 전압을 얻는 것은 쉽지 않습니다. 이 문제를 해결하기 위해 1924년, 스웨덴의 기술자 구스타프 이싱은 교류를 이용해 같은 전압으로 여러 번 가속하는 방법을 고안했습니다. 처음 가속된후 교류의 극이 바뀌는 동안 가속된 입자들은 드리프트관(Drift tube)이라는 전기장이 없는 원통형 관을 지나다가 극이 바뀌어 다시 가속될 수 있을때 관을 통과해 가속되는 방식입니다. 이때 드리프트관은 패러데이의 새장 효과를 이용한 금속관입니다.

노르웨이의 과학자인 롤프 비데뢰(Rolf Wideröe)는 당시 독일 아헨의 라인베스트팔렌 공과대학에서 이싱의 아이디어를 이용해 실험을 했습니다. 4년 뒤인 1928년, 비데뢰는 25,000볼트의 높은 주파수의 교류 전압을 이용해 나트륨 이온을 50,000전자볼트(eV)까지 가속할 수 있었습니다.

아래 도면은 1929년, 〈Archiv fur Elektrotechnik〉라는 과학지에 「더 높은 전압을 얻는 새로운 원리」라는 제목으로 실린 회로도입니다. 이것이 선형 가속기(Liner Accelerator)의 시초라고 할 수 있지요. 그러나 전자나 양성자와 같이 가벼운 입자들을 가속하는 가속기의 출현은 좀 더 시간이 필요했습니다. 왜냐하면 이렇게 가벼운 입자들은 무거운 나트륨과

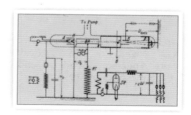

롤프 비데뢰의 가속기의 회로도

는 달리 같은 전압으로 가속되더라도 속도가 매우 빠릅니다. 그래서 가속시키는 교류 전압의 주파수가 낮으면 전극의 길이가 엄청나게 길어야 합니다.

제 2차 세계대전 중에 적의 항공기나 잠수함을 탐색하기 위한 레이더가 발달하면서 고주파의 전자파를 발생시킬 수 있었고, 이를 이용해 처음으로 가벼운 입자의 가속기를 만들 수 있었습니다. 양성자를 가속하는 선형 가속기에는 대부분 200메가헤르츠(1MHz=1,000,000Hz) 정도의 고주파수 전원을 사용하고 전자를 가속하는 선형 가속기에는 3,000메가헤르츠(3기가 헤르츠)의 마이크로파를 사용합니다.

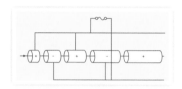

루이스 앨버레즈의 선형 가속기 모식도

미국 스탠포드 대학교에 있는 선형 가속기와 연구소의 항공 사진

위 그림은 선형 가속기의 전극 배열과 연결 상태를 나타낸 것입니다. 이것은 루이스 앨버레즈라는 미국 물리학자가 개량한 정지파형 선형 가속기로 사진 속 스탠포드 대학교에 있는 선형 가속기가 바로 이 형태입니다.

스탠포드의 선형 가속기는 1966년에 처음 가동되었고 그 길이가 3.2킬로미터나 됩니다. 이 가속기는 전자와 양성자를 50기가전자볼트까지 가속할 수 있으며 세계에서 가장 긴 선형 가속기입니다. 두 번째로 큰 양성자 선형 가속기는 미국 뉴멕시코주 로스앨러모스에 있는 것으로 길이가 875미터이고 양성자를 800메가전자볼트까지 가속할 수 있습니다.

루이스 앨버레즈는 가속기를 이용해 전자의 포획에 의한 원자핵 변환의 발견으로 1968년, 노벨 물리학상을 수상한 실험 물리학자입니다. 그의 아들은 지질학자로 전 세계적으로 이리듐 지층이 있는 것을 발견했는데 루이스는 이것이 6,500만 년 전에 멕시코만에 거대한 운석이 떨어진 결과이며, 이 때문에 공룡이 지구상에서 멸종되었다고 주장했습니다. 처음에는 그의 주장을 받아들이는 사람이 거의 없었으나 지금은 공룡 멸종의 주된 원인이 되었습니다. 지구상에서 공룡이 사라진 이유를 처음으로 밝힌 사람이 지질학자나 생물학자가 아니라 물리학자라니 참 재미있는 일이지요?

사이클로트론의 발명

어니스트 로런스(Ernest Lawrence)가 새로운 형태의 입자 가속기를 발명하기 전까지는 이미 정해진 직류 전압으로 입자들을 한 번 가속하거나, 비데뢰의 선형 가속기처럼 교류를 이용해 여러 번 가속하는 방

어니스트 로런스

법을 사용했습니다. 하지만 어떤 방법이든지 상관없이 방향은 모두 직선이었지요. 전자처럼 빠르게 가속되는 입자들은 고에너지로 가속하면 속도가 매우 빨라집니다. 그래서 아무리 높은 주파수의 전원을 사용해도 여러 번 가속하려면 입자 가속기의 길이가 엄청나게 길어지고 맙니다.

1929년, 미국 캘리포니아 버클리 대학교에 있던 어니스트 로런스는 비데뢰의 선형 가속기의 영향을 받아 입자들이 직선이 아닌 나선형으로 돌아가는 가속기를 발명했습니다. 로런스는 직선으로 가속되는 입자들을 자기장을 이용해 원형의 궤도를 돌게 하면 길이가 짧아질 것이라 생각하고, 실제 가능한지 살펴보기 위해 간단한 계산을 했습니다. 쿨롱의 법칙과 원운동을 할 때 원심력에 관한 식을 이용하면 현재 사이클로트론 공명으로 알려진 간단한 공식을 유도할 수 있습니다.

이 공식에 따르면 입자들이 전기장과 자기장 안에서 가속되며 점점 회전 반경이 커지는데, 원 둘레를 한 바퀴 도는 시간은 속도에 상관없이 늘 같았습니다. 이는 주파수가 일정한 교류를 사용해 입자들을 전기장과 자기장 하에서 가속할 수 있음을 의미합니다.

그가 처음으로 가속기를 만들었을 때에는 크기가 아주 작았고 양성자 회전목마(Proton Merry-Go-Round)라고 불렸습니다. 이 기계는 D 모양의 전극을 유리통 안에 넣고 밀랍(왁스)으로 밀봉한 작은 파이 같았다고 합니다. 첫 사이클로트론(cyclotron)의 크기는 5인치(약 12.7센티미터)였고 양성자를 8만 전자볼트까지 가속할 수 있었습니다. 당시 그의 조수로 있던 스탠리 리빙스턴과 데이비드 슬론은 11인치(약 27.9센티미터) 사이클로트론을 만들어 양성자를 100만 전자볼트까지 가속할 수 있었습니다.

어니스트 로런스와 사이클로트론

사이클로트론을 처음으로 발명한 어니스트 로런스는 1939년에 노벨 물리학상을 수상했습니다. 그가 처음 만든 사이클로트론은 직경이 5인치, 약 12.7센티미터밖에 되지 않았습니다. 이 작은 장치가 이제는 세계에서 가장 큰 기계로, 길이가 수십 킬로미터나 되는 거대한 장치로 변모했고 머지않아 우주 탄생의 비밀을 밝히려 하고 있습니다. 작은 장치에서 시작해 이제는 광활한 우주까지 연구 영역을 넓힌 사이클로트론을 만들었던 연구실과 현재 작동 중인 거대한 사이클로트론을 비교해 보는 것도 의의가 있을 것입니다.

1931년, 로런스의 연구실(Radiation Laboratory)

글렌 시보그와 로버트 오펜하이머

왼쪽 사진은 캘리포니아 대학교가 1931년, 로런스의 연구를 위해 마련해 준 곳으로 그 전까지는 토목공학과의 연구실이었다고 합니다. 그가 노벨 물리학상을 받은 해인 1939년, 로런스는 184인치의 사이클로트론을 만들 계획을 세웠는데, 그 기계에 들어가는 자석의 무게만도 무려 4,000톤이나 되었고 입자들을 1억 전자볼트까지 가속할 수 있었습니다. 이 사이클로트론을 설치할 건물은 지름이 160피트(약 53미터), 높이가 100피트(33미터)였고 차터 힐이라는 곳에 지어졌는데, 이곳이 바로 로런스 방사선 연구소의 현재 위치입니다. 오른쪽 사진은 로런스(왼쪽)가 노벨 물리학상을 수상한 글렌 시보그와 맨해튼 프로젝트 책임자였던 로버트 오펜하이머에게 그의 사이클로트론의 조정판을 보여 주고 있는 모습입니다.

사이클로트론의 원리

아래 그림은 전기장과 이에 수직인 자기장을 이용해 입자들을 가속시키는 사이클로트론의 원리를 나타낸 것입니다. 가운데에 있는 반원 모양의 D자형 전극(Dees)은 서로 마주보도록 놓여 있습니다. 이 전극에는 교류 전압이 걸리지요. 또 이 전극 위에 자력선이 수직(90도)으로 내려오도록 자석(노란색)이 배치되어 있습니다.

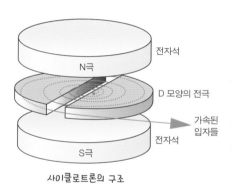

사이클로트론의 구조

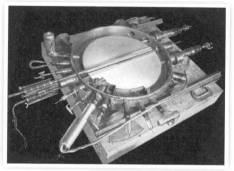

D자형 전극의 실제 모습

진공 상태에 있는 D자형 전극은 속이 빈 상태입니다. 이때 자석은 진공 중에 있지 않습니다. 원의 중심에 있는 하전 입자원(ion injector)으로부터 하전 입자가 발생하면 가속되어 D자형 전극 안으로 들어갑니다. D자형 전극 내부에는 전기장이 없으므로 입자들은 처음 속도를 유지합니다. 하지만 자기장은 전극 내부에도 영향을 미치므로 하전 입자들은 자기장에 대해 90도로 휘어져 전극 안에서 원운동을 하게 됩니다.

한쪽의 D자형 전극에서 입자들이 나오는 순간 반대쪽 D자형 전극의 극이 바뀌고 이 입자들은 다시 가속해 반대쪽에 있는 D자형 전극으로 들어가 이 운동을 반복합니다. 이렇게 원을 그리며 전극을 오갈 수 있는 이유는 교류의 방향이 입자가 전극을 나오고 들어가는 순간에 맞춰 변하기 때문입니다.

이처럼 한 번 더 가속된 입자들은 속도가 빨라지고 원심력이 커져 더 큰 원을 그리며 운동합니다. 이처럼 빨라진 입자들이 D자형 전극을 빠져나오는 시간은 가속되기 전 속도가 느린 입자들이 작은 원 궤도를 돌며 빠져나오는 시간과 같습니다. 이것이 사이클로트론 공명입니다. 그 결과 더 큰 원을 그리며 돌던 입자들이 다음 D자형 전극으로 들어가기 위해 빠져나올 때 교류 방향이 바뀌어 입자들은 다시 가속되고 이 과정이 반복되어 점점 더 큰 원을 그리며 돌게 됩니다. 그리고 마지막에는 D자형 전극의 직경에 해당하는 지점에 만들어진 출구를 통해 밖으로 나오게 됩니다. 이렇게 사이클로트론에서 입자들이 원운동을 하며 가속되는 것입니다.

만약 사이클로트론 공명이 없었다면 한 번 더 가속된 입자가 거의 2배의 속도를 갖게 되어 빠르게 원을 그리며 돌게 되고 나와야 할 때보다 더 빨리 D자형 전극에서 나와 반대쪽 전극으로 향하게 될 것입니다. 그러나 이때는 교류 전압의 방향이 바뀌기 전이어서 입자는 가속되지 못하고 오히려 전극에 밀려 속도가 줄어듭니다. 결국 감속된 입자는 D자형 전극으로 들어가지 못하고 분산되어 흡수되고 말 것입니다. 이렇게 가속된 입자가 일정하게 변하는 교류 전압 아래서 가속되는 것은 D자형 전극에서 빠져나오는 시간이 일정하기 때문입니다. 사이클로트론 공명이 있기에 가

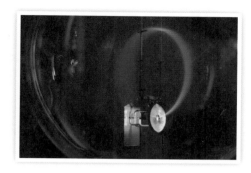

사이클로트론 내의 입자들의 궤적
분홍색의 빛은 빠르게 움직이는 입자와 충돌한
잔류 공기의 입자에 의한 것이다.

능한 것이지요. 이렇게 사이클로트론은 입자들을 원의 궤도로 운동시켜 가속할 수 있으므로 선형 가속기처럼 길게 만들 필요가 없습니다.

싱크로사이클로트론(싱크로트론)

높은 에너지로 가속된 입자들, 특히 전자들은 거의 광속에 가까운 속도로 움직여서 아인슈타인의 상대성 이론에 따라 질량이 증가합니다. 질량이 증가하면 방금 보았던 사이클로트론 공명이 일어나지 않아 일정한 주파수를 가진 교류 전압으로는 더 이상 가속되지 않습니다. 그러므로 질량이 증가하여 입자들의 속도가 줄어든 만큼, 교류 전압의 주파수를 변화시키거나 자기장의 세기를 질량이 증가함에 따라 변화시켜야 합니다. 이처럼 고속에서도 입자들이 원운동을 할 수 있도록 교류 전압의 주파수 또는 자기장의 세기를 조절하는 사이클로트론을 싱크로사이클로트론(synchro-cyclotron) 또는 싱크로트론(synchrotron)이라고 합니다.

싱크로트론의 가능성을 처음으로 제안한 사람은 오스트레일리아의 마크 올리펀트로 그는 핵융합 실험에서도 많은 업적을 남겼습니다. 그는 후에 영국 여왕으로부터 작위도 받았지요.

페르미 연구소의 거대한 싱크로트론, 테바트론

현대의 입자 가속기는 모두 싱크로트론입니다. 고속으로 가속된 입자들은 무게가 무거워도 속도가 광속에 가까워 상대성 원리(질량에 따른 로렌츠 변환)에 따라 질량이 증가하기 때문입니다. 미국에서 가장 큰 싱크로트론인 테바트론(Tevatron)은 시카고 교외 바타비아에 있는 페르미 연구소에 있습니다. 세계에서 가장 큰 입자 가속기는 스위스의 유럽입자물리연구소(CERN)에 있는 하드론 입자 가속기(Large Hardron Colider, LHC)로 둘레가 무려 27킬로미터나 됩니다.

CERN에 있는 입자 가속기(빨간색 원)의 크기 비교

16장

열전기
현상

토마스 제베크

장 찰스 펠티에

윌리엄 톰슨

열전기 현상의 역사와 제베크 효과

열전기 현상은 지금으로부터 거의 200년 전인 1821년에 지금의 에스토니아에서 태어난 독일의 과학자 토마스 제베크(Thomas Johann Seebeck)가 발견했습니다. 그가 서로 다른 두 금속선을 연결하고 한쪽은 뜨겁게, 다른 한쪽은 차갑게 하자 주위에 있던 나침반 바늘이 움직였습니다. 제베크는 나침반 바늘이 움직

토마스 제베크

이는 것은 온도가 서로 다른 두 도체를 접촉시키면 자기적 분극이 일어나 자성이 생기기 때문이라고 생각하고 이를 열자기 현상(Thermo-magnetic effect)이라고 했습니다. 하지만 덴마크의 과학자 한스 외르스테드는 그것이 전기적 현상임을 증명하고 나침반 바늘이 움직이는 것은 금속선에 열에 의한 전류가 흐르기 때문이라고 했습니다. 외르스테드는 이것을 열자기 현상이 아닌 열전기 현상이라고 명명했습니다. 이렇게 서로 온도가

다른 두 도체의 연결 부분 사이에 전압(기전력)이 생기는 현상을 제베크 효과라고 합니다.

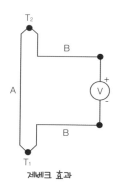

제베크 효과

오른쪽 그림에서 A와 B로 표시된 것이 두 종류의 금속입니다. 이 두 개의 금속을 그림처럼 양쪽에 연결하고 접촉 부분을 각기 다른 온도인 T1과 T2로 유지하면 B 금속 사이를 연결한 선에 전압이 발생합니다. 이렇게 전선에 전류가 흐르면 암페어 법칙에 의해 자기장이 형성되고 나침반의 바늘이 움직입니다.

두 종류의 금속(반도체)을 서로 다른 온도로 유지할 때 발생하는 전압의 크기(그림에서 V)는 특정 온도까지는 거의 온도에 비례하여 증가합니다. 이 특성을 이용해 높은 온도를 측정하는 온도계를 만들 수 있고 온도에 의해 자동으로 조절되는 스위치를 만들 수 있습니다. 이런 목적으로 만들어진 장치를 열전대(Thermocouple)라고 합니다. 예를 들어 구리와 니켈의 합금인 콘스탄틴으로 만들어진 열전대는 상온에서 온도가 섭씨 1도(1℃)씩 올라갈 때 약 41마이크로볼트만큼 전압이 올라갑니다. 마이크로볼트는 백만분의 일 볼트입니다. 아래 그림에서 빨간색 선과 파란색 선은 서로 다른 금속선을 나타냅니다.

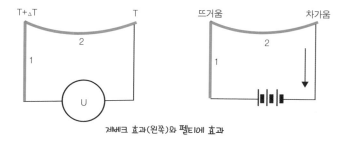

제베크 효과(왼쪽)와 펠티에 효과

펠티에 효과

장 찰스 펠티에

펠티에 효과는 1834년, 프랑스의 과학자 장 찰스 펠티에(Jean Charles Peltier)가 발견했습니다. 펠티에는 두 금속의 접점에서 전류가 흐르는 방향에 따라 접점의 온도가 높아지거나 낮아지는 것을 알았습니다. 예를 들어 접점의 한쪽을 (+)로, 반대쪽을 (-)로 연결했을 때 접점의 온도가 올라갔다면, 극을 서로 바꾸었을 때는 온도가 내려가는 것을 발견한 것이지요. 이때 항상 한쪽은 온도가 올라가고 다른 쪽은 온도가 내려갑니다. 이것이 바로 펠티에 효과입니다.

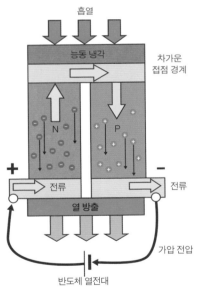

펠티에 효과

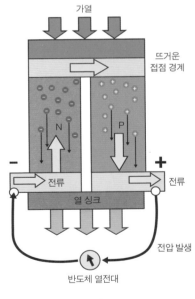

제베크 효과

왼쪽 그림은 두 반도체가 연결되었을 때 일어나는 펠티에 효과를 나타낸 것입니다. 도체 대신 반도체가 연결되면 펠티에 효과는 더 크게 나타납니다. 다시 말해 같은 전류를 흘려도 발생하는 열량이나 흡수하는 열량이 반도체를 연결했을 때 훨씬 더 많습니다. 또 이러한 접점을 가열하면 제베크 효과로 인해 전압이 발생하는데 이때의 전압은 도체일 때보다 반도체일 때 더 큽니다.

그림 중 펠티에 효과는 두 개의 반도체 접점에 전류를 흘리면 한쪽에서는 열을 흡수하고 다른 쪽에서는 열을 방출하는 것을 나타냅니다. 또 제베크 효과는 두 반도체의 접점에 열을 가하면 한쪽에서 전기가 발생하고 또 열도 방출되는 것을 보이고 있습니다.

이처럼 제베크 효과와 펠티에 효과는 서로 연관된 동일한 효과여서 제베크-펠티에 효과라고 불리기도 합니다. 이런 효과를 이용해 열을 사용하는 발전 장치나 냉각 장치를 만들 수도 있습니다. 미국의 우주선 파이오니아호와 보이저호 등은 우주선 내의 온도를 유지하고 여러 장치를 작동시키며 지구와 교신을 하는 데 라듐과 같은 방사성 원소에서 발생하는 열을 이용한 열전대를 발전기처럼 사용했습니다. 그래서 우주선에 탑재된 전지는 수십 년 또는 수백 년까지도 사용할 수 있지요.

켈빈 경으로 불리는 윌리엄 톰슨(William Thomson)은 1851년에 처음으로 이 현상을 이론적으로 설명했습니다. 동일한 도체에서 전류가 흐를 때 온도차가 있으면 전위차가 생기고, 도체 양 끝에서 전류 방향에 따라 열을 흡수

윌리엄 톰슨(켈빈 경)

하거나 방출한다는 것을 이론적으로 보였습니다. 이를 톰슨 효과라고 합니다.

열전기 현상의 미래

열전기 현상은 열로 전기를 얻을 수 있는 가장 간단한 방법입니다. 물론 온도 1도 차에서 발생하는 전압의 차는 극히 미약할 것입니다. 하지만 여러 개의 열전대를 직렬로 연결하면 사용 가능한 높은 전압을 얻을 수 있습니다.

우리 주위에서 낭비되거나 버려지는 에너지의 대부분은 열입니다. 따라서 폐열의 상당 부분은 열전대를 이용해 회수할 수 있습니다. 예를 들어 공장이나 발전소의 굴뚝에서 나오는 연기는 그 온도가 상당히 높습니다. 특히 굴뚝 안의 온도는 외부 공기 또는 냉각수의 온도와 차이가 많이 납니다. 이러한 온도차를 이용해 연기가 뿜어내는 막대한 에너지를 회수한다면 아마 발전소에서 생산하는 발전량의 몇 퍼센트 정도는 되지 않을까요?

열전대를 이용한 발전소는 거의 고정되어 있으므로 따로 이동할 필요가 없어 설치만 하면 유지비가 별로 들지 않을 것입니다. 따라서 초기의 투자 비용을 회수하는 것도 비교적 빠를 것이라 짐작할 수 있지요. 이때 금속선을 이용하기보다는 반도체를 이용한 열전대가 효율적입니다. 더 높은 전압을 만들어 우리가 원하는 만큼의 전압을 얻을 수 있기 때문입니다.

열전기 현상은 온도차가 있다면 어디서나 이용할 수 있으므로 다양한 곳에 사용할 수 있을 것입니다. 예를 들어 킬리만자로산처럼 위에는 항상 영하이고(만년설이 있음) 아래에는 열대의 정글이 있는 곳에서 열전대를 이용하면 엄청난 양의 에너지를 공해 없이, 친환경적으로 얻을 수 있지 않을까요? 그뿐 아니라 지구 내부는 온도가 매우 높아 화산이나 온천이 많은 곳에서는 지열을 이용해 열전대 발전을 할 수 있습니다.

현재도 아이슬란드와 같은 곳에서는 지열을 이용한 발전을 하고 있습니다. 하지만 이는 증기를 이용해 터빈을 돌려 전기를 얻는 방식이라 고압의 증기를 발생시킬 수 있는 지리적 조건이 충족되어야 합니다. 그래서 지열을 이용하는 것이 쉽지 않지요. 열전대를 이용하면 이러한 고압 증기를 만들 수 없는 곳에서도 훨씬 더 편리하게 지열을 이용할 수 있을 것입니다. 우리나라를 예로 들면 우선 공장, 발전소, 지역 소각로 등 다량의 폐열이 발생하는 곳의 열을 이용하는 것이 가장 손쉬운 방법입니다.

대양을 항해하는 대형 선박의 엔진에서도 사용하는 연료의 50퍼센트 이상이 열로 낭비된다고 합니다. 이러한 엔진에 일반 냉각기 대신 펠티에 냉각기를 사용하면 엔진을 냉각시키면서 동시에 전기 에너지를 얻을 수 있으니 일석이조입니다. 하지만 펠티에 냉각 장치는 매우 비싸서 실용화하는 데 어려움이 있습니다. 만약 이 책을 읽는 여러분 중 누군가가 반도체를 이용한 고성능 열전대나 펠티에 소자를 대량 생산하는 방법을 찾아낸다면 삶의 질 향상과 환경 보호에 큰 기여를 하게 될 것입니다. 현재 열전대는 1도만큼 올라가는 데 수십 마이크로볼트(Micro Volt)의 전압을 발생시키지만 수십 밀리볼트(Milli Volt)의 전압을 발생시키는 열전대를 발명한다면 아마 버려지는 폐열을 쉽게 전기로 바꿀 수 있을 것입니다. 이는 초전도체의 발전 과정을 생각해 본다면 불가능한 일은 아닙니다. 임계온도가 절대온도 30도(30K) 이상인 초전도체는 불가능하다 했던 BCS 이론(257쪽 참조)을 깨고 현재는 절대온도 130도(130K)에 달하는 온도에서 초전도체가 되는 물질을 찾아냈으니까요. 온도가 1도 올라갈 때 훨씬 더 높은 전압을 발생시키는 열전대를 발견한다면 앞으로 노벨 물리학상의 영광은 발견자에게 주어질 것입니다.

물리학 분야에서는 아직 밝혀지지 않은 수많은 현상들이 있습니다. 이 책의 필자로서 여러분에게 추천하고 싶은 연구 과제는 열전기 현상과 초전도체에 대한 것입니다. 물론 필자의 전공이 고체 물리학인 것도 있지만 분명한 것은 이러한 발명이 인류에게 새로운 지식을 알려줄 뿐만 아니라 에너지 절약이라는 직접적인 이득을 가져다줄 수 있기 때문입니다.

열전기 현상의 사례

이번에 이야기할 내용은 열전기 현상을 실제로 이용했던 예에 대한 것입니다.

현재 열전대로 온도를 측정하거나 조절하는 것과는 달리 150여 년 전에는 주로 발전을 하는 데 사용했습니다. 지금은 온도 측정, 감지는 물론 적외선 탐지용 센서로도 많이 이용하지만 발전용으로는 거의 사용하지 않습니다. 과거에는 전기를 쉽게 사용할 수 없었으므로 가스나 등불(석유 램프) 등으로 실험에 필요한 전력을 만들었습니다. 하지만 열전기 현상이 발견된 후, 오른쪽 사진처럼 서모파일 (Thermopile, 열전대 여러 개를 직렬로 접속한 센서)을 이용해 전기를 얻었습니다.

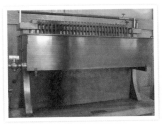

룸코르프 서모파일 발전기(1860년)

룸코르프는 방전관에 사용하는 룸코르프 코일 등을 만든 과학자입니다. 룸코르프 서모파일 발전기에서 어느 정도의 전압과 전류를 얻을 수 있었는지는 알려지지 않았습니다. 다만 제일 위에 보이는 접촉 단자를 움직여서 전압을 조절할 수 있었던 것 같습니다. 아마도 이 장치는 룸코르프 코일을 사용한 방전관의 전원으로 사용되었을지도 모릅니다. 당시 유럽이나 미국도 가정이나 공장에 전기가 들어오기 훨씬 전이어서 방전관을 작동하려면 전지나 발전기가 반드시 필요했습니다.

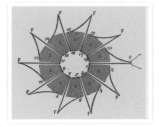

클레몬트 서모파일 발전기

마지막 사진인 개량형 클레몬트 서모파일은 발전 시 최고 전압이 190볼트 이상이며 내부 저항이 15.5옴(Ω)으로 최고 출력 전력은 192와트였으며, 이때 사용 가능한

개량형 클레몬트 서모파일 발전기(1879)

전압은 54볼트, 사용 가능한 전류는 3.5암페어(A)라고 합니다. 이 장치에서는 서모파일의 뜨거운 쪽을 가열하기 위해 코크스를 사용하고, 차가운 쪽을 냉각시키기 위해 날개처럼 보이는 장치를 이용했다고 합니다.

1959년, 구소련에서는 아래 사진처럼 석유의 열을 이용해 라디오를 듣는 장치를 개발했다고 합니다. 그 당시만 해도 시베리아의 여러 곳에는 전기가 들어가지 않아 석유 램프의 열을 이용한 것입니다.

석유 램프의 열을 이용해 작동시키는 라디오(1959, 구소련)

앞서 살펴본 사진 속 장치들은 지금처럼 전기를 언제 어디서나 얻을 수 없을 때 사용한 것입니다. 하지만 많은 공장이나 농장 혹은 발전소에서 대량의 열이 낭비되고 있음을 떠올린다면 폐열을 이용해 에너지를 발전시키는 방법은 상당한 양의 에너지를 절감하는 데 도움이 될 것입니다. 석유 램프를 이용한 발전기에서 보는 것처럼 램프를 켜서 낭비되는 열의 극히 일부를 이용해도 2와트 정도의 전력을 얻을 수 있습니다. 그러므로 자동차의 배기통이나 공장 굴뚝에서 나오는 연기가 가진 열을 이용한다면 얼마나 많은 에너지를 만들 수 있는지 상상할 수 있겠지요?

17장

트랜지스터와
집적 회로

—

존 바딘

윌리엄 쇼클리

월터 브래튼

트랜지스터의 발명

 트랜지스터를 20세기 발명품 중 최고라고 생각하는 사람들이 많습니다. 트랜지스터는 삼극관(삼극 진공관)같이 삼극을 가진 반도체 소자로 전기 신호를 증폭하고 정류하는 데 사용합니다.

 1940년대에 들어와 여러 기업들과 대학교에서 기계식 대신 전자 회로를 이용한 전자 계산기를 개발하려고 노력했습니다. 그때까지만 하더라도 이러한 기능을 할 수 있는 것은 삼극관뿐이었습니다. 하지만 삼극관은 부피가 크고 소비 전력이 높으며 수명도 제한되어 있었습니다. 수학적 논리를 구현할 수 있는 회로들은 수많은 진공관과 다른 부품들을 필요로 합니다. 예를 들어 펜실베이니아 대학교에서 만든 세계 최초의 컴퓨터 에니악(Eniac)은 무려 17,468개의 진공관과 100,000개가 넘는 부품들이 사용되었고 사용 전력만 해도 170킬로와트(170KW)나 되었다고 합니다. 하지만 에니악의 계산 능력은 작은 휴대용 계산기 정도밖에 되지 않았습니다.

트랜지스터는 발명된 이후부터 진공관의 기능을 대신하였으며 가정과 산업용 전자 산업이 발전하는 데 중요한 역할을 했습니다. 또 계속 발전하여 집적회로(IC)를 탄생시켰으며, 집적회로는 20세기를 전자의 시대로 만드는 데 중추적인 역할을 했습니다. 그렇다면 트랜지스터는 누가, 언제 발명했는지 살펴봅시다.

1947년, 당시 미국의 벨연구소에서 연구하던 존 바딘(John Bardeen)과 월터 브래튼(Walter Brattain)은 금속과 반도체의 접점에서 전자들의 행동을 연구하고 있었습니다. 당시만 하더라도 광석수신기(광석라디오)가 라디오 수신기로 널리 이용되었습니다. 광석수신기란 작은 금속 광물의 결정에 바늘처럼 뾰족한 끝으로 접촉하면 전파를 검파할 수 있는 장치입니다. 작은 점접촉이 교류인 전자파를 직류로 정류하기 때문입니다.

바딘과 브래튼은 점접촉을 매우 가깝게 연결하고 또 다른 공통 전극을 만들면 한쪽 접점에 흐르는 전류가 다른 접점에 흐르는 전류를 조절하는 것을 발견했습니다. 이것이 바로 세 개의 접점을 갖는 트랜지스터 탄생의 순간입니다. 다음 그림은 두 사람의 발견을 나타낸 것입니다.

최초로 만들어진 트랜지스터(재현)

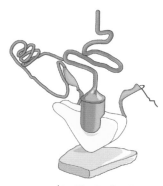

첫 트랜지스터의 구조

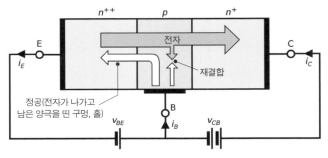

접합 트랜지스터의 구조와 원리

두 사람이 처음 만든 트랜지스터는 반도체 소자로 저마늄 결정을 이용했고 종이 클립과 면도날을 이용했다고 합니다. 하지만 이 트랜지스터는 접촉면이 점으로 되어 있어 똑같은 것을 다시 만들기가 매우 힘들었습니다. 또 접점이 너무 작고 불완전하여 증폭 작용을 할 때 잡음이 많이 발생했습니다.

윌리엄 쇼클리(William Shockley)는 이런 점을 개량해 현재의 접합 트랜지스터(Junction Transistor)로 불리는 면접촉 트랜지스터를 완성했습니다. 이 트랜지스터는 두 종류의 다른 반도체들이 세 겹의 샌드위치 모양으로 되어 있습니다. 그는 이 장치로 음향 증폭기를 만들어 벨연구소 연구원들에게 보여 주었고 금세 엄청난 반향을 불러 일으켰습니다.

바딘과 브래튼, 쇼클리는 트랜지스터의 발명으로 1956년에 노벨 물리학상을 공동 수상했습니다. 존 바딘은 트랜지스터 외에도

왼쪽부터 벨연구소의 존 바딘, 윌리엄 쇼클리, 월터 브래튼(1948년)

초전도체에 대한 연구로 1972년에도 노벨 물리학상을 받았습니다. 바딘은 물리학 분야의 노벨상을 두 번 받은 유일한 사람입니다. 익히 알고 있는 퀴리 부인은 노벨 화학상과 물리학상을 받았지요.

트랜지스터의 구조

접합 트랜지스터는 p형과 n형이 있어 대개 양극성 접합 트랜지스터(Bipolar Junction Transistor)라고 불립니다. 양극성 접합 트랜지스터는 pnp형과 npn형이 있고 구조는 아래 그림과 같습니다.

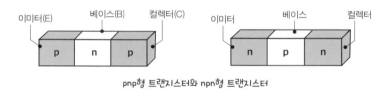

pnp형 트랜지스터와 npn형 트랜지스터

이러한 트랜지스터를 회로도에 나타낼 때는 다음과 같은 기호를 사용합니다.

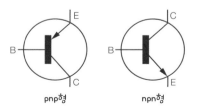

아래 그림은 실제 트랜지스터들이 어떻게 구성되어 있는지 보여 줍니다.

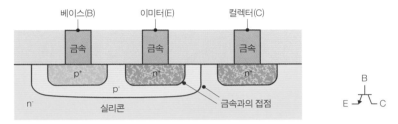

평면 트랜지스터(npn형, Planar transistor)

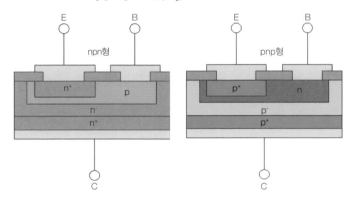

합금 접합 트랜지스터(Alloy-juction transistor)
합금에 의하여 접합이 만들어지는 트랜지스터

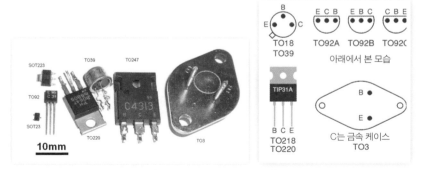

여러 형태의 트랜지스터와 그 선의 접촉도

p형 반도체

p형 반도체란 순수한 저마늄이나 실리콘 결정에 아주 극소량의 불순물을 혼입하여 (+)전기를 띤 정공(홀, Hole)이 증가하도록 만든 것입니다. 반도체 물질에 불순물을 첨가하면 저항을 감소시킬 수 있는데 이를 도핑(Doping)이라고 합니다. 첨가된 소량의 불순물이 반도체 물질의 바깥쪽에 있는 전자들을 빼앗아 갈 때, 다시 말해 억셉터(도핑 물질, Acceptor)가 전자들을 받아들일 때, 전자를 빼앗긴 반도체 물질에는 전자가 빠진 구멍이 생깁니다. 이것이 홀, 바로 정공입니다. 결국 중성이던 반도체에서 (-)전자가 빠진 것이므로 (+)전기를 갖는 것처럼 행동합니다. 그래서 p형 반도체의 정공은 반도체 내를 전기장에 따라 자유롭게 움직일 수 있습니다.

주기율표 제4족에 속하는 실리콘과 저마늄의 경우 보통 주기율표 제3족에 속하는 붕소나 알루미늄을 도핑 물질로 사용합니다. p형 반도체 내에서 전하를 옮기는 것은 정공이 주로 담당합니다. 이렇게 전하를 옮기는 역할을 하는 전하 운반체를 다수캐리어(Majority carrier)라고 하며, p형 반도체에서는 정공이 다수캐리어가 됩니다. 이때 전자들은 전류를 흘리는 데 주로 기여하지 않으므로 소수캐리어(Minority carrier)가 됩니다.

n형 반도체

이와 반대로 도핑하는 물체가 반도체에 전자를 내주는 경우, 반도체 내의 전자 수가 증가합니다. 이렇게 반도체에 전자를 내주는 도핑 물질을 도너(Donor)라고 하고 이 반도체를 n형 반도체라고 합니다. n형 반도체는 많은 전자들을 가지고 있어서 전자들이 주로 전하를 옮기지요. n형 반도체의 다수캐리어는 전자이며 소수캐리어는 정공(홀)입니다. 특히 n형 반도체에서는 홀이 거의 형성되지 않습니다.

실리콘이나 저마늄에 주기율표 5족에 속하는 물질을 도핑하면 서로 공유결합을 합니다. 공유결합은 간단히 말해 원자들이 전자를 서로 공유하는 화학 결합을 말합니다. 이때 전자가 하나 남게 되는데, 바로 이 전자가 전하를 옮기는 역할을 합니다.

아래 그림은 이해를 돕기 위해 실리콘에 소량의 안티모니를 도핑했을 때 원자의 공유결합 상태를 나타낸 것입니다. 실리콘을 n형 반도체로 만들려면 도핑 물질로 5족의 인(P)이나 비소(As), 안티모니(Sb) 등을 사용하지요. 안티모니와 주위를 둘러싼 실리콘은 안티모니와 전자를 하나씩 공유하고 있습니다. 안티모니는 결국 4개의 전자를 실리콘 원자들과 공유하고 남는 전자 하나는 결합에서 떨어져 나오지요. 이 여분의 전자가 다수캐리어의 역할을 합니다.

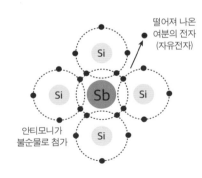

n형

안티모니 원자 하나에 네 개의 실리콘 원자가 공유결합하고 안티모니에 있던 전자 하나가 튀어나온다.

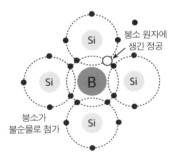

p형

붕소 원자들이 실리콘과 공유결합하고 전자를 빼앗겨 발생한 정공(홀)

트랜지스터의 작동 원리

npn형 트랜지스터와 pnp형 트랜지스터의 작동 원리는 같습니다. 연결하는 전극이 반대일 뿐이지요. 그러므로 여기서는 npn형 트랜지스터의 작동 원리만 설명하고자 합니다.

트랜지스터는 2개의 다이오드가 하나의 공통된 전극에 연결된 구조이므로 먼저 다이오드의 작동 원리를 알아야 합니다. 다이오드는 p형 반도체와 n형 반도체를 연결한 것입니다.

n형 반도체와 p형 반도체의 접점에서는 정류 현상이 일어납니다. 곧 전류가 한쪽으로만 흐르고 반대쪽으로는 흐르지 않는다는 말이지요. 아래 그림을 볼까요?

p형 반도체는 위에서 설명한 것처럼 (+)를 띠는 정공(홀)이 많고 n형 반도체는 (-)를 띠는 전자가 많습니다. 다시 말해 p형은 정공(홀)이 다수캐리어가 되고 n형은 전자가 다수캐리어의 역할을 합니다. 이때 전자와 정공은 두 반도체를 접합해 놓은 경계인 pn 접점(pn Junction)에서 아래 그림처럼 이동합니다. p형 반도체를 (+)전극에, n형 반도체를 (-)전극에 연결하면 (+)전하를 가진 정공(홀)은 pn 접점을 넘어 (-)극을 가진 n형 반도체 쪽으로 이동하고 n형 반도체에 있는 전자들은 p형 반도체의 (+) 쪽으로 끌려

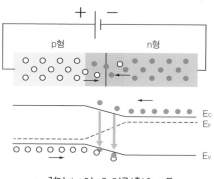

pn 접점에서 전자와 정공(홀)의 이동

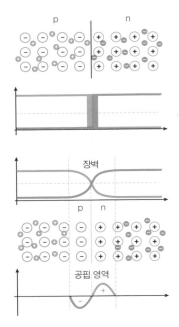

p형이 (+)극, n형이 (-)극일 때: 전류가 흐름
p형이 (-)극, n형이 (+)극일 때: 공핍 영역이 생겨
전류가 흐르지 않음

이동합니다. 그러므로 이 경계는 전자나 정공(홀)이 이동하는 데 장애가 되지 않으므로 전류가 흐르게 되지요.

다음은 전극을 서로 바꾸어 p형 반도체를 (-)극에, n형 반도체를 (+)로 연결해 봅시다. 그렇다면 아까와는 반대로 p형 반도체의 (+)를 띠는 정공(홀)은 모두 (-)쪽으로 끌려가 경계로부터 멀어집니다. 그리고 전자가 많은 n형 반도체 역시 전자의 극성과 반대인 (+)쪽으로 끌려가 전자도 경계로부터 멀리 떨어지게 됩니다. 따라서 이 경계 부분에는 정공(홀)도 전자도 거의 없어진 공간이 되지요. 이때 이 부분을 공핍 영역(Depletion region, depletion zone)이라고 부릅니다. 그러므로 전하를 가진 정공(홀)이나 전자 어느 쪽도 경계를 넘어 반대쪽으로 이동할 수 없지요.

다시 말해 전하가 경계를 넘을 수 없어 이 회로에는 전류가 흐르지 않습니다. 그러므로 p형 반도체가 (+), n형 반도체가 (-)일 때만 전류가 흐른다는 말입니다. 만약 교류 전압을 이 다이오드 양쪽에 건다면 p형 반도체 쪽이 (+)일 때만 전류가 흐르고 (-)일 때는 전류가 흐르지 않지요. 이것이 바로 정류 작용입니다. 전극이 이처럼 전류가 흐르는 방향으로 연결되었을 때를 정방향(Forward biased)으로 연결되었다고 하고, 반대로 연결되면 역방향(Reverse biased)으로 연결되었다고 합니다. 역방향일 때 전류가 흐르지 않는다는 것은 이제 이해할 수 있지요?

npn형 트랜지스터는 두 개의 다이오드가 하나의 p형 베이스(Base)를 공유하는 형태(241쪽 참조)로 되어 있습니다. 이러한 트랜지스터를 회로에 사용할 때는 이미터(Emitter)와 베이스(Base) 사이의 경계는 정방향으로, 베이스와 컬렉터(Collector) 사이의 경계는 역방향으로 연결합니다.

만약 npn 트랜지스터에 (+)전압이 베이스와 이미터 사이에 연결되면 열로 인해 발생한 전자들과 n형 반도체의 전자들이 베이스 쪽으로 들어갑니다. 이 전자들은 베이스를 통해 이미터 근처의 전자 밀도가 높은 영역으로부터 컬렉터 근처의 전자 밀도가 낮은 영역으로 확산되어 들어갑니다. 베이스와 컬렉터 사이가 공핍 영역이 된 이유는 베이스와 컬렉터가 역방향으로 전압이 연결되어 있기 때문이지요.

전자들이 컬렉터와 베이스의 경계에 이르기 전에 다시 결합하는 것을 줄이기 위해 트랜지스터의 베이스는 아주 얇아야 합니다. 컬렉터와 베이스는 역방향으로 전압이 연결되어 있다고 했습니다. 그러므로 컬렉터에서 베이스로는 전자가 거의 들어가지 못합니다. 하지만 베이스를 통해 컬렉터 쪽으로, 공핍 영역을 통해 확산되어 들어온 전자들은 컬렉터와 베이스 사이에 걸린 전기장에 의해 컬렉터 쪽으로 이동합니다. 이렇게 확산된 전자들 덕분에 역방향으로 연결된 베이스와 컬렉터의 회로에 전류가 흐르게 됩니다.

두 개의 서로 다른 다이오드를 역방향으로 직렬 연결한 것과 트랜지스터의 다른 점은 바로 베이스에서 비롯됩니다. 트랜지스터는 얇은 베이스를 공통으로 가지고 있어 전자를 공핍 영역으로 이동시킬 수 있습니다. 여기서 중요한 것은 이미터 쪽에서 베이스로 이동하는 전자들이 컬렉터와 베이스에 흐르는 전류를 크게 증가시킬 수 있다는 사실입니다.

베이스와 이미터 사이의 전류 변화가 베이스와 컬렉터 사이에 훨씬 큰 전류 변화를 일으키게 되는데 이것이 바로 트랜지스터의 전류 증폭 작용입니다. 이 작용은 삼극관에서 음극과 그리드 사이의 작은 전압 변화가 플레이트 전류에 큰 영향을 미치는 것과 같습니다.

게다가 트랜지스터는 진공관에 비해 크기도 몇십분의 일 또는 몇백분의 일 정도이고 소모 전력량 또한 진공관에 비해 수백분의 일도 되지 않아 1960년대 이후, 거의 대부분의 진공관이 트랜지스터로 대체되었습니다.

트랜지스터와 트랜지스터라디오

트랜지스터 발전의 역사는 트랜지스터라디오의 역사를 보면 알 수 있습니다. 트랜지스터가 대량으로 이용된 첫 사례가 바로 라디오였기 때문입니다. 게다가 트랜지스터라디오가 라디오의 전 세계적인 보급에 절대적인 역할을 해서 트랜지스터의 역사는 라디오의 역사와 함께한다고 할 수 있습니다.

1947년 12월, 벨연구소에서 트랜지스터가 발표된 후 제일 먼저 관심을 끌었던 것은 라디오에서의 응용이었습니다. 그때까지만 하더라도 라디오는 전부 진공관을 이용하고 있어서 휴대용 라디오조차도 크기가 매우 컸습니다. 뿐만 아니라 전력 소모도 커서 건전지를 자주 갈아 주어야 했습니다. 지금은 건전지를 쉽고 저렴하게 구할 수 있지만 그때는 값이 꽤 나가는 고가품에 속했습니다. 이에 더해 건전지도 필라멘트 때문에 커다란 1.5볼트 전지(A전지)와 90볼트 전지(B전지) 등을 사용해야 했지요. 아마 지금도 연세가 많은 분들은 1950년대 후반에 미국 제니스사나 모토로라사의 라디오를 기억하고 계실 것입니다.

1948년 6월, 트랜지스터라디오가 첫 선을 보였습니다. 1952년에는 미국 텍사스 인스트루먼트사가 트랜지스터를 이용한 라디오를 만들었지만 성능이 진공관 라디오보다 훨씬 떨어져 실패하고 말았습니다. 2년 후인 1954년에는 미국 인디애나주의 IDEA라는 회사가 리젠시 TR-1(Regency TR-1)이라는 라디오를 만들어 판매했는데 이것이 큰 성공을 거두었습니다. 하지만 이 라디오의 가격은 49.95달러로 현재 화폐 가치로 따지면 거의 400달러(약 48만 원)에 달합니다. 꽤 비싸지요. 그 후 제니스사와 레이시언사 등 미국 회사들이 앞다투어 트랜지스터라디오를 만들었습니다.

그 당시 일본의 소니는 동경 통신 공업사라는 작은 회사였는데, 소니의 사장이 벨연구소에 가서 트랜지스터 생산에 대한 기술 계약을 체결했습니다. 그런데 이 계약에는 라디오 생산 기술에 대한 것은 없었다고 합니다.

라디오 생산에 관련된 기술은 얻지 못했지만 소니는 1955년, TR-55라는 트랜지스터라디오를 개발했습니다. 다른 회사들과 달리 콘덴서, 저항기 등의 부품들을 진공관 라디오에서 쓰던 것보다 훨씬 더 작게 만들어 첫 트랜지스터라디오를 만든 것입니다. 이때 회사명도 동경 통신 공업사

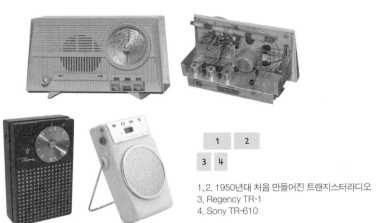

1,2. 1950년대 처음 만들어진 트랜지스터라디오
3. Regency TR-1
4. Sony TR-610

에서 소니로 바꾸었지요. 이 라디오는 큰 성공을 거두었습니다.

TR-55에 이어 출시된 TR-610(1958년)은 전 세계적인 베스트셀러가 되어 소니를 세계적인 회사로 만들었습니다. 소니는 이후에도 워크맨 등 획기적인 상품을 계속 만들었습니다. 이렇게 1960년대에는 트랜지스터가 진공관 라디오나 텔레비전을 완전히 대체했고, 기술이 거듭 발전하여 트랜지스터와 다른 부품으로 된 회로를 작은 칩에 담은 집적회로(Intergrated Circuit, IC)도 개발되었습니다.

지금 우리가 사용하는 컴퓨터나 계산기 등은 집적회로의 탄생이 없었다면 사용조차 불가능한 제품입니다. 또 용량이 큰 집적회로는 수백만 개의 트랜지스터와 부품들을 손톱만 한 작은 칩에 담고 있습니다.

18장

초전도 현상과
초전도체

헤이커 카메를링 오너스

존 바딘

리언 쿠퍼

존 로버트 슈리퍼

헤이커 카메를링 오너스와 초전도체의 발견

헤이커 카메를링 오너스(Heike Kamerlingh Onnes)는 네덜란드의 물리학자로 물질을 저온에서 냉각시키는 기술을 개발하여 절대 영도에 가까운, 극히 저온 상태에서 물질이 가지는 성질을 연구한 사람입니다. 그는 실험 중에 어떤 물질의 온도를 충분히 내리면 그 물질의 전기 저항이 사라진다는 것을 발견

헤이커 카메를링 오너스

했습니다. 이렇게 아주 낮은 온도에서 물질의 전기 저항이 사라지는 현상을 초전도 현상이라고 합니다.

헤이커 카메를링 오너스는 1853년, 네덜란드 흐로닝언에서 태어났습니다. 1870년에는 흐로닝언 대학교에서 공부했고 독일 하이델베르크 대학교로 유학을 떠나 분젠 버너로 유명한 로버트 분젠과 구스타프 키르히호프 밑에서 공부했습니다. 그는 석사와 박사 학위를 흐로닝언 대학교에서 받았는데, 박사 논문의 주제는 「지구 자전의 새로운 증거」였습니다. 여기서 한 가지 의아한 것은 코페르니쿠스의 지동설이 나온 지 300년이나 지난 1870년대에도 지구 자전에 대한 새로운 증거가 필요했었나 하는 점입니다.

어찌되었든 그는 1882년부터 1923년까지, 레이던 대학교의 실험 물리학 교수로 재직하였고 1904년에 저온 물리학 연구실을 세웠으며, 1908년에 세계 최초로 헬륨 액화에 성공했습니다. 그는 계속해서 온도를 낮춰 절대영도와 0.9도밖에 차이가 나지 않는 온도까지 도달했는데 이는 당시 세계에서 가장 낮은 온도였습니다.

1911년, 그는 수은을 절대온도 4.1도(4.1K) 이하로 내리면 수은이 가진 전기 저항이 없어져 0이 되는 것을 발견했습니다. 그의 뒤를 이은 과학자들이 실험을 통해 다른 금속들도 낮은 온도에 다다르면 전기 저항이 없어지는 것을 발견했지요. 이처럼 한 금속(물체)의 전기 저항이 사라지는 온도를 임계 온도(T_c)라고 합니다.

초전도체의 특성 중 가장 중요한 것은 초전도체로 이루어진 회로에 유도 전류를 발생시키면 전류의 양이 줄어들지 않고 계속 흐른다는 것입니다. 보통 금속에 유도 전류를 흘리면 저항 때문에 열이 발생하고, 전류의 양은 줄어듭니다. 하지만 최근 실험 결과에 따르면 초전도체에 흐르는 전류는 몇십억 년이나 지속할 수 있다고 합니다. 오너스는 1913년, 물질의 초전도성을 발견하는 등 저온 물리학 분야의 업적을 인정받아 노벨 물리학상을 수상했습니다.

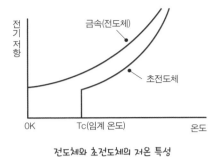

전도체와 초전도체의 저온 특성

이 그래프는 낮은 온도에서 초전도체와 전도체의 차이를 나타낸 것입니다. 일반적인 전도체는 온도가 내려가면 저항도 천천히 내려가고 일정한 양의 저항을 가집니다. 하지만 초전도체는 온도를 낮추면 저항이 서서히 내려가다가 특정 온도, 곧 임계 온도에서 저항이 없어져 0이 됩니다. 이것이 전도체와 초전도체의 차이라고 할 수 있습니다.

상온에서 도체인 금, 은, 동은 아무리 온도를 내려도 초전도체가 되지 않습니다. 그러나 상온에서 거의 부도체인 세라믹은 비교적 높은 온도에서도(절대온도 90~125도) 초전도체가 되는 것이 알려졌습니다.

그리고 이러한 임계 온도는 자기장이 가해질 때 그 세기에 따라 변하는 것도 알려졌지요. 자기장하에서 초전도 현상을 보이는 물체는 입자 가속기나 토카막(tokamak, 핵융합 발전용 연료 기체를 담아 두는 용기)처럼 강한 자기장이 필요한 기기를 만드는 데 매우 중요한 역할을 합니다. 저항이 없는 상태에서 높은 전류는 강한 자기장을 발생하기 때문에 필요한 만큼의 자기장을 쉽게 얻을 수 있습니다.

마이스너 효과

마이스너 효과란 초전도체에서 자기장이 배제되는 현상을 말합니다.

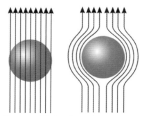

임계 온도 이하에서 자력선이 초전도체 밖으로 밀려 나온 모습　　　자석이 초전도체 위에 떠 있는 모습

이는 초전도체를 자기장 안에 놓았을 때 자력선이 밖으로 밀려 나오고 반자성을 띠는 것입니다. 이 현상은 1933년, 독일의 발터 마이스너와 로버트 옥센펠트가 발견했습니다.

위의 사진을 보면 자석이 초전도체 위에 떠 있는 것을 볼 수 있습니다. 초전도체 위에 자석을 놓고 임계 온도 이하로 낮추면 초전도 현상이 일어납니다. 자석에 의해 유도된 전류가 초전도체에 흐르고 이 전류는 자기장을 형성하는데, 초전도체에 의해 자기장이 밀려나 반자성체가 되어 자석을 공중에 뜨게 만드는 것입니다. 이런 성질은 자기부상열차 등에 응용됩니다.

BCS 이론

1950년에 러시아의 비탈리 긴즈부르크와 레프 란다우는 열역학적이고 거시적인 관점에서 초전도 현상(특정 조건에서 전류에 대한 저항이 0인 상태)을 설명하는 데 성공했으나 미시적인 관점으로는 1957년, 존 바딘(John Bardeen)과 리언 쿠퍼(Leon Cooper), 존 로버트 슈리퍼(John Robert Schrieffer)

의 해석이 나올 때까지 기다려야만 했습니다. BCS 이론이란 바딘과 쿠퍼, 슈리퍼의 이름을 딴 것으로 초전도 현상의 원리를 양자역학 관점에서 설명한 이론입니다.

　물질 내의 전자는 전하를 띠고 있고 두 전자 사이에 서로 밀어내는 힘인 척력이 존재합니다. 임계 온도하에서 전자들이 격자 사이를 지날 때, (+)전하를 띤 양이온은 전자의 방향으로 끌어당기는 힘인 인력을 받아 전자는 격자의 간격을 좁힙니다.

　만약 이 격자 간격에 차이가 없다면 간격 변화는 일정하게 일어나고 결국 인력과 척력이 상쇄되어 저항이 0이 됩니다. 곧 전자는 저항 없이 격자 구조를 이루는 양이온 사이를 지날 수 있지요. 그러나 임계 온도의 영향으로 격자들이 진동을 일으키면 격자 간격은 계속 변하고, 전자가 지나가는 데 저항으로 작용합니다.

　초전도체가 임계 온도 이하가 되면 격자에 변화가 생겨 다른 전자를 끌어오고 앞서 들어온 전자와 끌려온 전자는 쌍

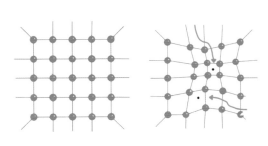

초전도 상태에서 전자의 이동

을 이룹니다. 이 전자쌍을 쿠퍼쌍(Cooper pair)이라고 합니다. 이렇게 전자들이 쌍을 이루면 앞선 전자로 인해 일그러진 전기장은 앞의 전자에게는 저항으로 작용하지만 따라오는 전자에게는 끌어당기는 역할을 해 결국 서로가 상쇄되어 저항이 없는 상태가 됩니다. 이것이 바로 BCS 이론이지

요. 이 이론을 제창한 세 사람은 그 업적을 인정받아 1972년에 노벨 물리학상을 수상했습니다.

조지프슨 효과

조지프슨 효과란 초전도체 사이에 전류가 흐르지 못하도록 부도체를 넣어도 전류가 흐르는 현상을 가리킵니다. 곧 초전도체의 전자쌍은 부도체 장벽을 저항 없이 통과할 수 있다는 말입니다. 이때 두 개의 초전도체는 조지프슨 접합(접점)으로 연결되어 있으며 이 장벽을 넘어 흐르는 전류를 조지프슨 전류라고 합니다. 이 현상은 영국의 브라이언 조지프슨이 1962년에 발견해 그의 이름을 땄습니다. 조지프슨 효과를 이용하면 스위칭 속도가 빠른 반도체를 만들 수 있는데 이 고속 스위칭 반도체는 컴퓨터 회로에 사용합니다.

그보다 전인 1957년, 일본의 에사키 레오나는 당시 일본 통신 공업사(현 SONY)에서 터널 다이오드를 발명했습니다. 터널 다이오드는 러시아의 물리학자 조지 가모프가 1930년대 초에 예견했던 터널 현상에 의한 것으로 소니는 터널 다이오드를 처음으로 생산한 기업이 되었습니다. 또 미국의 제너럴 일렉트릭스사에서도 이바르 예이버가 터널 다이오드를 발명, 생산하기도 했습니다. 조지프슨 효과는 이러한 터널 효과 중 하나입니다. 에사키와 예이버는 터널 효과를 실험적으로 발견한 공로로, 조지프슨은 조지프슨 효과의 발견으로 1973년에 노벨 물리학상을 수상했습니다.

초전도체의 역사

초전도체의 역사를 살펴보면 특이하게도 실험보다는 이론을 제창한 사람들에게 노벨상이 수여된 것을 알 수 있습니다. 왜냐하면 아직까지도 이 현상을 완벽하게 설명할 수 있는 이론이 없기 때문입니다. 또 다른 부류의 초전도체가 발견될 때마다 이전의 이론으로는 설명이 되지 않아 새로운 현상을 설명할 이론이 필요했지요.

1950년, 긴즈부르크와 란다우의 이론에 이어 1957년에는 바딘-쿠퍼-슈리퍼의 BCS 이론이, 1962년에는 조지프슨이 부도체로 분리된 두 개의 초전도체 사이에서 일어나는 현상을 설명한 이론 등이 등장했습니다. 하지만 그 후에 발견된 초전도체 현상은 새로운 이론을 필요로 합니다. 아마도 새로운 이론의 필요성은 상당 기간 지속될 것으로 예상됩니다.

초전도체의 역사

1911년	헤이커 카메를링 오너스가 절대온도 4.2도(4.2K)에서 수은의 전기 저항이 사라지는 것을 발견함
1913년	납(Pb)이 절대온도 7도(7K)에서 초전도성을 보인 것이 발견됨 헤이커 카메를링 오너스가 노벨 물리학상을 수상함
1914년	나이오븀의 화합물(niobium nitrade)이 절대온도 16도(16K)에서 초전도체가 됨
1933년	발터 마이스너와 로버트 옥센펠트가 마이스너 효과를 발견함
1935년	프리츠 론돈과 하인츠 론돈이 마이스너 효과를 이론적으로 설명함

1950년	비탈리 긴즈부르크와 와 레프 란다우가 초전도체에 대한 거시적 이론을 발표함
1952년	러시아의 알렉세이 아브리코소프가 Type 1과 Type 2의 초전도체가 있음을 주장함
1957년	존 바딘, 리언 쿠퍼, 존 로버트 슈리퍼가 BCS 이론을 제창함
1958년	러시아의 니콜라이 보골류보프가 BCS 이론의 파동 함수를 유도함
1962년	영국의 브라이언 조지프슨이 두 초전도체와 부도체 사이에 일어나는 조지프슨 효과를 이론적으로 예언함
1972년	존 바딘, 리언 쿠퍼, 존 로버트 슈리퍼가 노벨 물리학상을 수상함
1973년	에사키 레오나, 이바르 예이버와 브라이언 조지프슨이 노벨 물리학상을 수상함
1986년	게오르크 베드노르츠와 카를 알렉산더 뮐러가 란타늄을 포함한 세라믹의 고온 초전도체를 발견함. 이 초전도체는 BCS 이론에서 불가능하다고 주장한 절대온도 30도(30K)보다 더 높은 온도인 절대온도 35도(35K)에서 초전도성을 보임
1987년	베드노르츠와 뮐러가 노벨 물리학상을 수상함. 이들의 초전도체에서 란타늄을 이트륨으로 대치한 YBCO(이트륨바륨구리 산화물) 세라믹은 절대온도 95도(95K)라는 높은 온도에서 초전도성을 보임
1993년	탈륨, 구리, 수은, 바륨, 칼슘과 산소로 된 세라믹은 지금까지 발견된 초전도체 중 가장 높은 온도인 절대온도 138도(138K)에서 초전도성을 보임
2003년	아브리코소프와 긴즈부르크가 노벨 물리학상을 수상함
2008년	발레리 비노카와 탈라나 바투리나는 어떤 물체가 초전도체가 되기도 하고 또 다른 조건에서 저항이 무한대인 초절연체가 되기도 하는 것을 발견함
2008년	일본 도쿄 공업대학 호소노 히데오 등이 철을 기반으로 하는 란타늄, 산소와 불소 화합물들이 절대온도 26도(26K)에서 초전도성을 보이고 란타늄을 사마륨으로 대체하면 임계 온도가 절대온도 55도(55K)로 올라가는 것을 발견함

이처럼 새로운 초전도체가 계속 발견되고 있으며 새로 발견된 초전도체와 그 현상에 대한 해석은 아직 이론적으로 확립되지 못한 상태입니다.

초전도체의 미래

우리는 방금 초전도체의 역사를 살펴보았습니다. 초전도 현상이 발견된 지 100년도 더 지났지만, 아직도 과학의 미개척 분야로 남아 있는 것 같습니다. 이 현상을 설명한 이론도 여러 번 바뀌었고 이미 알려진 임계 온도보다 더 높은 임계 온도를 가진 초전도체들이 계속 발견되고 있지요.

1987년에는 부도체이자 절연체로서 매우 훌륭한, 초전도체가 될 수 없을 것이라 생각했던 세라믹이 비교적 높은 온도인 절대온도 35도(35K)에서 초전도체로 변해 BCS 이론을 뒤흔들었습니다. BCS 이론에 따르면 절대온도 30도(30K) 이상에서는 초전도체가 존재할 수 없었기 때문이지요. 이 세라믹을 발견한 스위스 IBM의 카를 알렉산더 뮐러와 게오르크 베드노르츠는 바로 다음 해 노벨상을 수상했습니다.

1987년, 미국 앨라배마 대학교의 연구 팀은 뮐러와 베드노르츠의 세라믹 성분 중 란타늄을 이트륨으로 바꾸어 임계 온도를 절대온도 92도(92K)까지 올렸습니다. 이후로도 임계 온도가 더 높은 초전도체들이 속속 발견되어 현재는 수은과 구리에 탈륨을 극소량 합금한 세라믹이 절대온도 138도(138K)에서 초전도성을 보입니다. 이것은 지금까지 발견된 것 중 임계 온도가 가장 높지요.

초전도체와 노벨상

다음은 초전도 연구로 노벨 물리학상을 수상한 사람들과 연구 내용입니다.

1913년: 헤이커 카메를링 오너스-극저온에서 물질의 성질에 대한 연구 및 액체 헬륨의 생산

1972년: 존 바딘, 리언 쿠퍼, 로버트 슈리퍼-초전도 현상에 대한 공동 연구와 BCS 이론의 제창

1973년: 에사키 레오나, 이바르 예이버-반도체와 초전도체의 터널 효과에 대한 연구

　　　　브라이언 조지프슨-터널 장벽을 지나는 초전도 전류의 특성에 대한 이론적 예측과 조
　　　　지프슨 효과의 발견

1987년: 게오르크 베드노르츠, 알렉산더 뮐러-세라믹 물질의 초전도 현상 발견

2003년: 알렉세이 아브리코소프, 비탈리 긴즈부르크-초전도체와 초유체 이론의 개척

초전도체로 노벨상을 탄 사람들

존 바딘　　　　　리언 쿠퍼　　　　로버트 슈리퍼　　　에사키 레오나　　　이바르 예이버

브라이언 조지프슨　게오르크
　　　　　　　　　베드노르츠　　　알렉산더 뮐러　　　알렉세이　　　　　비탈리
　　　　　　　　　　　　　　　　　　　　　　　　　아브리코소프　　　긴즈부르크

또 1997년에는 금과 인듐의 합금이 절대영도 근처에서 초전도체이자 동시에 자석이 되는 것을 발견했는데, 지금까지 나온 이론으로는 거의 불가능에 가까운 일이었습니다.

그렇기 때문에 이러한 현상들을 설명한 새로운 이론이 필요하게 되었습니다. 이후로도 여러 개의 합금 중 초전도 현상을 보이는 것이 발견되었습니다. 2001년, 일본에서는 화학 실험실에서 흔히 볼 수 있는 마그네슘과 붕산 화합물(이붕화 마그네슘, MgB_2)이 절대온도 39도(39K)에서 초전도 현상을 보이는 것을 발견했습니다. 또 최근에 구리나 철을 기반으로 하는 화합물들에서 초전도성이 나타나는 것도 알아냈습니다. 이들 역시 어떻게 초전도성이 나타나는지에 대해서는 미지의 세계로 남아 있지요. 그러므로 여러분이 대학교나 대학원에서 이 분야를 열심히 공부하는 것도 인류에게 새로운 지식을 가져다주는 멋진 기회가 될지도 모릅니다.

초전도에 대한 연구로 노벨상을 탄 사람들은 이미 11명이나 있습니다. 레프 란다우는 1962년, 응축 물질과 액체 헬륨의 연구로 노벨 물리학상을 받았는데 만약 그가 일찍 사망하지 않았다면(1968년 사망) 초전도체에 대한 연구로도 노벨상을 수상해 아마 12명이 되었을지도 모릅니다.

앞서 말했듯이 초전도에 대한 새로운 현상과 사실들이 발견되고 있으므로 앞으로 더 많은 노벨상 수상자가 탄생할 것을 충분히 예상할 수 있습니다. 이 책을 읽는 여러분 중 누군가가 꼭 도전해 보길 바랍니다.

부록

편지 해석본

프랭클린 D. 루스벨트
미국 대통령께

　최근 엔리코 페르미와 레오 실라르드는 그들이 진행한 연구의 필사본을 제게
보내 주었고 내용을 살펴본 바, 저는 가까운 시일 내에 우라늄을 재료로 한 새롭
고 중요한 에너지원이 탄생할 것이라 예측할 수 있었습니다. 이 상황이 결코 가
볍지 않으므로 예의 주시해야 하며, 필요한 경우 정부의 신속한 대응이 요구됩
니다. 따라서 저는 다음과 같은 사실을 알리고 이에 대비하기 위해 요청 사항을
귀하에게 전달할 의무가 있다고 생각합니다.

　프랑스의 프레데리크 졸리오 퀴리의 연구와 잘 아시는 미국의 페르미와 실라
르드가 진행한 지난 넉 달 동안의 연구를 통해 많은 양의 우라늄에서 핵 연쇄 반
응을 일으킬 수 있으며, 그 결과 엄청난 양의 에너지와 다량의 라듐과 같은 새로
운 원소가 만들어질 것이라는 것이 확실해졌습니다. 이는 가까운 미래에 실현
가능한 것으로 보입니다.

　이 새로운 현상은 폭탄 제조에 이용될 수 있으며 이렇게 만들어진 폭탄의 위
력은 아무리 낮춰 생각해도, 아주 강력할 것입니다. 만약 이 폭탄 단 한 개를 작
은 보트에 실어 폭발시킨다면, 항구는 물론 인근 지역 모두를 순식간에 파괴할
지도 모릅니다. 하지만 이런 폭탄은 너무 무거워서 항공기로는 수송하기 어렵
습니다.

　미국에는 쓸 수 있는 우라늄 광석의 매장량이 너무 적습니다. 질 좋은 우라늄
광석은 캐나다, 체코슬로바키아 등지에도 있지만 벨기에령 콩고가 가장 중요한
우라늄 산지입니다.

현재 상황을 볼 때, 아마 귀하는 미국 내 관료들과 연쇄 반응을 연구하는 물리학자들이 함께 협력하는 것이 필요하다고 생각하실 것입니다. 이를 실현하기 위한 한 가지 방안은 귀하가 사람들을 모아 격려하고 그들에게 비공식적으로 권한을 부여하여 일할 수 있도록 맡기는 것입니다. 그들이 해야 할 일은 다음과 같습니다.

a) 정부 부서와 소통하며 추가 개발 상황을 계속 통보하고, 정부 조치에 대한 권고안을 제시함으로써 미국의 안정적인 우라늄 광석 확보 문제에 주의를 기울여야 합니다.

b) 또한 현재 예산 범위 내에서 진행되는 연구 속도를 높이기 위해 자금이 필요할 수 있습니다. 만약 그렇다면 개인적으로 기부 의사가 있는 민간 전문가들이나 필요한 장비를 보유하고 있는 기업 연구소와 협력할 수 있습니다.

저는 독일이 그들이 인수한 체코슬로바키아 광산에서 생산되는 우라늄의 판매를 금지하였다는 것을 알고 있습니다. 그들이 이렇게 빨리 움직인 것은 아마 독일 국가 보안부의 폰 바이츠제커와 같은 이들이 베를린의 카이저-빌헬름 협회에 미국이 진행하고 있는 우라늄 연구에 대해 무언가 보고하였기 때문일 것입니다.

알베르트 아인슈타인

A. Einstein

267

그림 출처

27쪽 (왼쪽) physik.uni-wuerzburg.de

28쪽 (위 가운데) Timeline/ commons.
wikimedia.org/ CC BY-SA 3.0
(위 오른쪽) uvm.edu
(아래 왼쪽) Wellcome Collection
gallery/ commons.wikimedia.org/ CC
BY 4.0
(아래 오른쪽) Zatonyi Sandor/
commons.wikimedia.org/ CC BY-SA
3.0

32쪽 (왼쪽) me/ commons.wikimedia.org/
CC BY-SA 3.0
(오른쪽) Rschiedon/ commons.
wikimedia.org/ CC BY-SA 3.0

43쪽 commons.wikimedia.org/ CC BY 4.0

62쪽 (왼쪽) Shutterstock.com

65쪽 (아래쪽) Shutterstock.com

66쪽 (아래쪽) Science and Society Picture
Library/ fr.wikipedia.org/ CC BY-SA
2.0

88쪽 sk.icrr.u-tokyo.ac.jp

93쪽 C. T. R. Wilson, Proc. Roy. Soc.
(London), 87, 292 (1912)

94쪽 (아래쪽) ⓒ California Institute of
Technology

95쪽 (왼쪽) Anne Marcovich/ researchgate.
net
(오른쪽) Oak Ridge Associated

Universities/ orau.org

99쪽 (전체) Robert Hunt/ teralab.co.uk

103쪽 Jose Goncalves/ astropt.org

104쪽 (아래쪽) cambridgephysics.org

105쪽 (위쪽) nobelprize.org
(아래쪽) Brocken Inaglory/ commons.
wikimedia.org/ CC BY-SA 3.0

109쪽 (아래쪽) sparkmuseum.org

113쪽 Shutterstock.com

116쪽 (왼쪽) ⓒ Museum of the History of
Science, Oxford.
(오른쪽) Michał Pysz/ commons.
wikimedia.org/ CC BY-SA 3.0

119쪽 Shutterstock.com

127쪽 Smithsonian Institution/ flickr.com

139쪽 nobelprize.org

145쪽 Shutterstock.com

157쪽 (위쪽) nationalmaglab.org

158쪽 National Edison Historic Site/ ethw.
org

162쪽 (위 오른쪽) Gregory F. Maxwell/
commons.wikimedia.org

168쪽 (위 왼쪽) Stefan Riepl/ commons.
wikimedia.org/ CC BY-SA 2.0 DE
(아래 가운데) ScAvenger/ commons.
wikimedia.org/ CC BY-SA 3.0(변형)
(아래 오른쪽) I B Wright/ commons.
wikimedia.org/ CC BY-SA 3.0